JN149630

絶景・秘境に息づく

世界で一番美しい クジラ&イルカ図鑑

The most beautiful photographs of Whales and Dolphins
edited by Hiroya Minakuchi

水口博也 編著

シャチの群れが噴きあげる噴気は微風にとけこみ、
大気にただよう微小な水滴の群れが、太陽の光を虹色に分解する。
海面に映しだされる７色の光の帯のなかをシャチが泳ぐ光景は、
海と大気と太陽と、それらがつくりだした生命とが織りなす一幅の絵。
（東南アラスカ、フレデリック海峡）

Ron Sanford/Alaska Stock Images/Age fotostock

南極が氷の大陸になったのは、いまからおよそ三千数百万年前——
南極大陸をとりまいて、南極還流がめぐりはじめたとき。
この地球上最大の海流と、各地の湧昇流が育みはじめた
豊かなプランクトンの群れこそが、ヒゲクジラの出現と進化を促した。
（南極半島、パラダイス湾のクロミンククジラ）

Michael S. Nolan/Age fotostock

深い針葉樹の森に囲まれた峡湾（フィヨルド）の、
海面を割って現れたのは巨大なザトウクジラの群れ。
噴きあげられる噴気の音は森に木霊（こだま）し、噴気が含む生ぐささが
森からの芳香と混ざりあう。ここでは海と森はひとつにとけあっている。
（東南アラスカ、チャタム海峡）

John Hyde/Alaska Stock Images/Age fotostock

contents

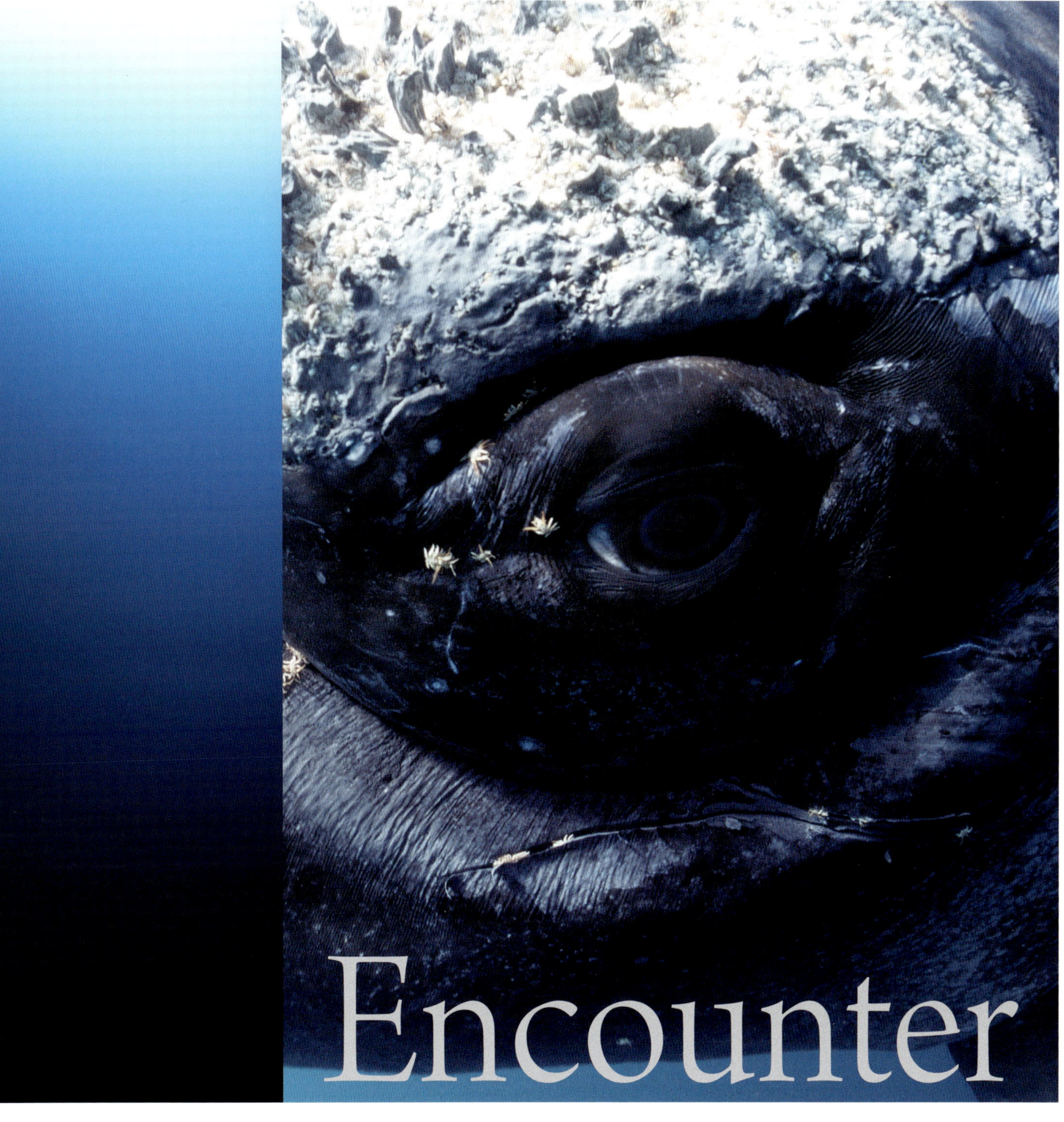

Encounter

いまからおよそ5500万年前、陸上に暮らしていた哺乳類の仲間が
海に生活場所を求めた。いまぼくの目に前に浮かぶのは、その末裔たち。
深い進化の淵を隔てて対峙するクジラとヒトと。
地上と海で、それぞれに芽生えた意識同士のひとときの邂逅。

More than 55 million years ago, the mammals that lived on land sought to live in the seas.
Those swimming in front of me are their descendants.
Separated by the widened paths of evolution, the whales and humans finally face each other.
A momentary encounter of the two different consciousness that flourished on land and in the seas.

上　噴気孔から細かな泡をだしながら、海中にぽっかりと浮かぶザトウクジラ。上下の顎に散在するイボ状の突起のまわりを中心に、オニフジツボやクジラジラミが付着する。
トンガ /Tony Wu

p.13 上　カメラの前に来た母親のザトウクジラの後方で、子クジラが口を開ける。これは授乳の直後の一幕。その向こうにエスコート（雄）の姿が見える。
トンガ /Tony Wu

p.13 下　撮影者に興味を示して、カメラの前で体を翻すザトウクジラの子ども。
久米島 / 川本剛志

p.8-9　朝、海をおおった霧が晴れはじめた時間、１頭のザトウクジラが豪快に海面に体を躍らせた。
東南アラスカ／水口博也

p.10　メキシコ、リビアヒヘド諸島で、幼い子どもを連れたザトウクジラの母親がカメラに迫る。
Rodrigo Friscione / Cultura / Age fotostock

p.11　アルゼンチン、バルデス半島のヌエボ湾で、カメラを覗きこむミナミセミクジラ。目のまわりにクジラジラミが寄生する。
Stephen Wong

ダイバーと巨大なミナミセミクジラが海底で対峙する。
ニュージーランド、オークランド諸島
Brian J. Skerry/National Geographic Creative

クジラは海のなかで後肢を退化させ、
ぼくたちは後肢で大地に立ちあがった。
進化のなかでともに発達させたものがあるとすれば、
大きな脳を働かせて他者を慮（おもんぱか）る能力か。

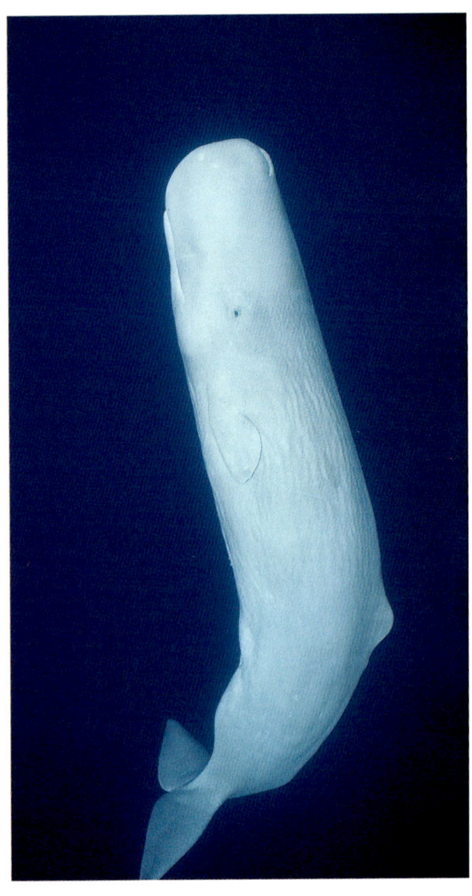

ポルトガル、アゾレス諸島で出会ったマッコウクジラのアルビノの子ども。暗い海中を背景に、純白の体が青白く浮かびあがる。
水口博也

たとえ彼らがすむ海に船を浮かべたとしても、
その姿を目にすることができるのは、
彼らが呼吸のために浮上するほんのひととき。
そのためにうかがい知ることができなかった
巨鯨たちの実像を、
人もまた海中に進出することで、
鮮明にとらえはじめている。

Even if we float a boat in the seas where whales live, the only moment we can see them is when they come up for breath.
So humankind ventures into the sea to catch a glimpse of the large whales in their entirety.

Majesty of the

スリランカで出会った、3頭の幼い子どもを連れたマッコウクジラの群れ。手前の雌の腹部にある白い模様のおかげで認識がしやすく、いつの間にか馴染みの群れになった。
Tony Wu

海中には、カチカチと
マッコウクジラたちが発する小刻みな声が響く。
まわりの世界を知るための声の獲得によって、
このクジラは深海の覇者になった。

クジラの祖先が海に入りはじめて1000万年後には、
体長18メートルものバシロサウルスという
ムカシクジラが登場していた。
海中という体温を奪われやすい環境が、
クジラが巨大化することを求め、
そこに働く浮力が、クジラが巨大になることを許した。

左　スペイン、バルセロナ沖の地中海で撮影された
ナガスクジラ。口先にクラゲが浮かぶ。
Jordi Chias/naturepl.com

p.18　マッコウクジラの口のまわりは、白い模様で縁どられる。暗い海中ではこの白が、もっとも目だつ目印になる。
スリランカ /Tony Wu

p.19　マッコウクジラは外に見える歯をもつのは下顎だけ。上顎には、下顎の歯がおさまるようにポケットが並ぶ。スリランカ /Tony Wu

p.22 海底で底生生物を食べるコククジラ。体を横だおしにして、口の側面で海底を掃くように泳ぎながら、海水や泥とともに餌生物を口のなかにとりこむ。そのあとで、ヒゲ板の間から海水と泥だけを外に押しだす。

カリフォルニア、チャネル諸島 /Howard Hall/SeaPics.com

p.23 上　カナダ、バンクーバー島の太平洋岸は、コククジラの採餌場のひとつ。この海域に周年とどまるコククジラも知られている。

Flip Nicklin/Minden Pictures/Age fotostock

p.23 下　コククジラの上顎にびっしりとついたフジツボ。このクジラは採餌時に、口の右側で海底をこするようで、右側（写真右下側）にはフジツボがついていない。

メキシコ、サンイグナシオ湾 / 水口博也

Reflection

海面から顔をあげると、宙の風景を映しだし、
顔を海につけると、海中の風景をシンメトリーに映しだす。
いずれが幻で、いずれが現（うつつ）の風景であるかさえ定かではない。
やがて吹きだした風が海面をかき乱すと、すべては混沌のなかにとけこんでいく。

The scenery of the skies unfolds when I lift my face from the sea.
The scenery of the deep seas unfolds in symmetry when I lower my face back into the sea.
I cannot tell which is an illusion and which is reality.
Eventually the winds drown out the images on the surface, and everything melts down into chaos.

左　深い針葉樹の森を背景に泳ぐシャチたちが噴きあげる噴気が、遅い午後の斜光をうけて目ばゆく輝く。
アラスカ、プリンス・ウィリアム湾 / 水口博也

上　背びれをそびえさせたシャチの雄の凛（りん）としたたたずまいと、背景に広がる雪渓をいただいた山やまの風景は、それだけで見る者すべての心を魅了する。
東南アラスカ、リン水路
John Hyde/Alaska Stock Images/Age fotostock

インドネシア、ラジャ・アンパット諸島の海を群れ泳ぐハシナガイルカ。
Joram Z/Shutterstock.com

上　海面が映すのは雲と空と太陽のさま。
マダライルカの姿が虚空の風景のなかにとけこんでいく。
小笠原諸島 / 水口博也

*p.*29 上　ボートと併走するように泳ぐハセイルカ。
カリフォルニア、サンタバーバラ沖 / 水口博也

*p.*29 下　魚群を追いたてて泳ぐカマイルカと、弾ける水しぶきが、穏やかな海面に映る。
カナダ、ブリティッシュ・コロンビア州、ジョンストン海峡 /Michael S. Nolan/Age fotostock

p.30 海面で体を横だおしにして、胸びれで海面をたたきつけるザトウクジラ。遠くで同じ行動をとる仲間への何らかのメッセージか。
カリフォルニア、サンタバーバラ沖 / 水口博也

上　夕暮れどき、茜色に染まる海面に尾びれを突きだしたミナミセミクジラ。何度も力強く海面に振りおろして、あたりに爆ぜるような水音を響かせる。
アルゼンチン、バルデス半島、ヌエボ湾 / 水口博也

Splash

高ぶった心を解き放つためか、気まぐれな戯れか、
それとも仲間に何かを伝えようとするのか。
巨体を宙に躍らせ、ひれで海面を激しく打ちつける。
弾け散るしぶきや響きわたる水音が、
クジラの息吹とともに風に乗って渡っていく。

Was that to release the excited soul? Or was it a fickle prank?
Or was it trying to tell something to its buddies?
The huge body dances in the air,
then slams the surface of the sea with its powerful fins.
The sound of splashing water resonates
with the breath of the whale and is carried off by the wind.

巨体同士のぶつかりあいがつくりだす、爆ぜるような水音と水煙と。
海中にのびる気泡の渦は、巨鯨たちの激しい動きがつくりだす刹那(せつな)の造形。

p.32　40トンに達する巨体を、宙に躍らせるザトウクジラ。体についた海水が、白く輝くベールになって流れ落ちていく。

東南アラスカ、スティーブン水路
Paul Souders/Palladium/Age footstock

p.34　スリランカ、ミリッサの海で出会った若い雄のザトウクジラ。好奇心にかられたのか、ボートに近づき、ひとしきり海面で戯れてすごした。

Tony Wu

p.35　1頭の雌をめぐって、6頭の雄のザトウクジラが競いあい、体をぶつけあう。1頭の雄の尾びれの激しい動きが、海中を激しく泡だたせる。

トンガ /Tony Wu

*p.36*上　うち寄せる大波から風に吹きあげられるしぶきで、大気さえ白くかすんで見える。そのなかに体を躍らせるのは1頭のハンドウイルカ。
南アフリカ、プレッテンバーグ湾 /Doug Perrine/SeaPics.com

*p.36*下　波頭から舞いあがる水煙と、イルカたちのジャンプで弾ける水しぶきと。イルカたちにとっては、逆巻く巨濤さえもが遊び相手になる。
南アフリカ、プレッテンバーグ湾のハンドウイルカ
Tom Walmsley/Fotosearch RM/Age fotostock

上　夕暮れの海で戯れるシャチの家族群。海面に背びれを突きだす巨大な雄の横で、若いシャチが尾びれで海面をたたいて遊ぶ。
アラスカ、プリンス・ウィリアム湾 / 水口博也

Icy World

極海では、海上の気温はマイナス 30 ～ 40 度にも下がるのに対して、
水温はせいぜいマイナス 1.8 度。そして何より、冷たい海にこそ
豊かにとけこむ酸素が、海中に生命を満たしている。
しかし、極地はこの惑星のなかで温暖化の影響をもっとも強く受ける場所。
氷の世界に生きる彼らの明日は、すべての生命の将来を暗示する。

The temperature above the surface of the polar seas can drop to below 30–40 degrees C,
but the temperature under water is merely below 1.8 degrees C.
What is more, the oxygen that melts in the cold waters allows the sea to harbor myriad forms of life.
But the polar region is also where the impact of global warming hits the hardest.
The future of those who live in this world of ice portends the future of us all.

南極半島沿岸、パラダイス湾に浮かぶ海氷の間を泳ぐザトウクジラ。
Mike Hill/Palladium/Age fotostock

カナダ北極圏、バフィン島北部に位置するランカスター海峡。海氷が割れはじめる季節、イッカクの群れが姿を現す。
Paul Nicklen/National Geographic Creative

イチョウの葉のような形の尾びれを海面にあげて、
氷海に潜りゆくイッカク。

カナダ北極圏、バフィン島、ランカスター海峡
水口博也

カナダ北極圏、ランカスター海峡を泳ぐホッキョククジラ。
ときに海をおおう海氷を背でもちあげて、海氷を割ることもある。
Martha Holmes/naturepl.com

個体である氷が、液体である水よりも軽いという H_2O の特性が、
この惑星を生命で満たした。春の日射しに溶かされて深みに沈みこむ。
この循環こそが豊かな生命活動の源になる。

p.44 初夏、北極海に散在する島じまの入江に集まるベルーガ（シロイルカ）。浅い海底に体を丹念にこすりつけて、体表の古い皮膚をこそぎ落とす。
カナダ北極圏 /John K. B. Ford/Ursus/SeaPics.com

上 海氷の下を泳ぐベルーガ。頸椎が癒合していないために、首を自由な方向に向けながら、いりくんだ氷の間を泳ぎまわる。
ロシア、白海 /Franco Banfi/WaterFrame/Age fotostock

上　南極半島沿岸、ドリアン湾で、海氷の間から顔をあげるシャチ。「タイプ B」と呼ばれ、アザラシを中心に狙うシャチたち。
Michael S. Nolan/Age fotostock

左　南半球の夏、豊富なナンキョクオキアミを求めて南極大陸沿岸に集まるザトウクジラ。
南極半島沿岸、ゲルラッシュ海峡 / 水口博也

p.47　沿岸、パラダイス湾の穏やかな海面に浮上したクロミンククジラ。もっとも南極大陸に近く、海氷の間にまで分布するヒゲクジラだ。
Michael S. Nolan/Age fotostock

Living in the Forest

地上に森が茂るように、
海中に茂る海藻の林は、酸素の供給源であるとともに、
環境をより多彩にして、そこにすむ生物の多様性を生みだしている。
ぼくたちが樹木に囲まれて心を解き放つように、
クジラやイルカたちもまた、海藻の林のなかで
心を遊ばせることがあるのだろうか。

Like the forest of trees that cover land, the forest of sea weeds that cover the sea floor provides oxygen, turns the environment more multifarious, and creates diversity among the species that live there.
Just like how we unleash our hearts when surrounded by a forest of trees, do the whales and dolphins spend playful moments in their woods of seaweed?

p.48 上下　カリフォルニア沿岸に茂る巨大な海藻ジャイアントケルプの林の間を泳ぐコククジラ。
チャネル諸島 /Bob Cranston/SeaPics.com

上　海面をおおうジャイアントケルプの間からコククジラが顔をあげる。開けた上顎にヒゲ板が並ぶのが見える。
チャネル諸島 /Howard Hall/SeaPics.com

p.52 上　海面をおおうブルケルプの茂みに入りこみ、体に海藻を巻きつけるシャチ。
カナダ、ブリティッシュ・コロンビア州、ジョンストン海峡 /Bartie Gregory/naturepl.com

p.52 下　若いザトウクジラがジャイアントケルプを胸びれに巻きつけて戯れる。
カリフォルニア、モントレー湾 / 水口博也

p.53 上　海中にただようレッドマングローブの実をくわえて遊ぶハンドウイルカ。
ホンジュラス、ロアタン島 /Brian J. Skerry/National Geographic Creative

p.53 下　海底のアマモに体をこすりつけるハンドウイルカ。このイルカは、訪れる観光客やスノーケラーと長い時間いっしょにすごした。
ベリーズ / 水口博也

p.50　ニュージーランド沿岸に生息するシャチは、エイを捕食することで知られる。海藻の間でエイを探すシャチ。
ニュージーランド北島 /Ingrid Visser
SeaPics.com

アラスカやカナダの太平洋岸——
海の生命は豊かな森からの栄養分に支えられ、
海から川へ遡上するサケやマスは、
産卵を終えたあとの亡骸で森を潤す。

p.54　東南アラスカの沿岸水路。ツガやトウヒの深い森が茂る島ぞいに、ニシンの群れを求めて泳ぐザトウクジラの噴気があがる。
フレデリック海峡 / 水口博也

上　早朝の澄んだ光に照らされた森を背景に、若いシャチが海面から顔をのぞかせる。
カナダ、ブリティッシュ・コロンビア州、ジョンストン海峡 / 水口博也

雨期、増水した川はまわりの森を浸す。浸水林の間に朱鷺色のアマゾンカワイルカが浮上する。

ブラジル、ネグロ川／水口博也

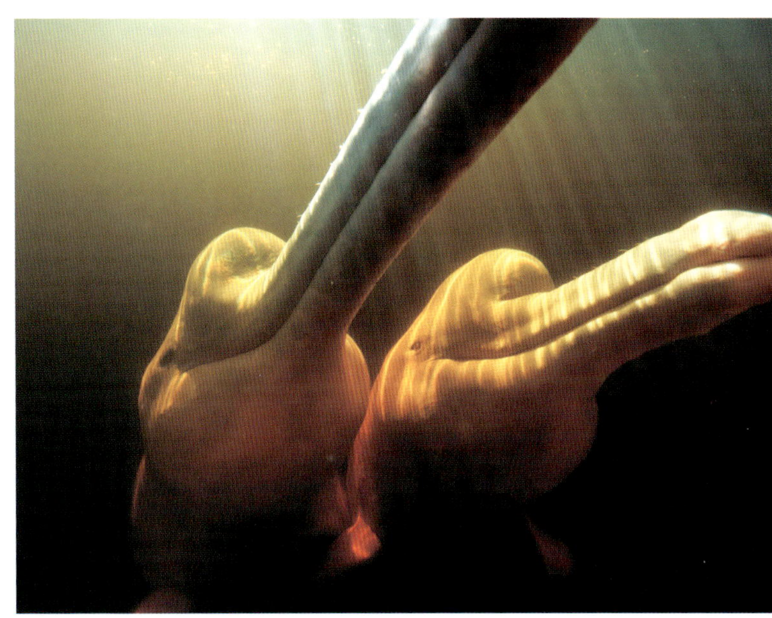

タンニンを含んで、濃い紅茶のような濁りのなかからふいに現れた南米のピンクドルフィン、アマゾンカワイルカ。
ブラジル、ネグロ川 / 水口博也

上　尾びれにシャチの歯形が刻まれたザトウクジラの雌。子連れで目撃されたこの雌クジラが、長い回遊の途中にシャチに出会いながら、生きぬいたことを示している。
トンガ /Tony Wu

p.59　尾びれの後縁にエボシフジツボをつけたミナミハンドウイルカ。イルカに大きな害はなさそうだ。
利島 / 高縄奈々

Tales of Tails

クジラの祖先が海に生活場所を移したとき、
力強く水を蹴って大海原を泳ぎまわるための尾びれをつくりあげた。
ときに数十トンもの巨体を宙に躍らせるのも、襲いかかるシャチたちを
振りはらうのも尾びれの力。そこには、それぞれのクジラたちの生きざまが
深く刻みこまれている。

When the ancestors of the whales decided to move their habitat into the seas,
they created the tail fin that would allow them to swim swiftly along the open seas.
It is the tail fin that propels the gigantic bodies of theirs, as well as chases away the orcas.
The tail fin carries the scars of the lives that the whale went through.

p.60　逆立ちの姿勢になって、海面から突きだした尾びれで海面を激しくたたくザトウクジラ。クジラにとって尾びれは、さまざまな意図や思いを表現する手段になる。
カリフォルニア、モントレー湾 / 水口博也

上　尾びれの縁に多くのオニフジツボやクジラジラミを付着させたザトウクジラ。
トンガ /Tony Wu

左　尾びれにジャンアントケルプの切れ端をひっかけたまま泳ぐザトウクジラ。
カリフォルニア、チャネル諸島沖 / 水口博也

クジラの祖先が海に生活場所を移したとき、
力強く水を蹴って泳ぐために、尾の先端にひれをつくりはじめた。
体長25mに達する巨鯨を
大海原に自在に遊弋させる尾びれは、その進化の極み。

上　シロナガスクジラの尾びれ。その横幅は5メートルに達する。
カリフォルニア、サンタバーバラ沖 / 水口博也

p.63 上下　島影を背景に、早朝の澄んだ光のなかをシロナガスクジラが泳ぐ。潜りはじめたクジラの尾びれから流れ落ちる海水が、銀色に輝きながら流れ落ちていく。
メキシコ、カリフォルニア湾 / 水口博也

アルゼンチン、バルデス半島ヌエボ湾の黄昏。暮れゆく海を泳ぐミナミセミクジラが
潜りはじめたとき、尾びれから流れ落ちる海水が、黄金色に輝くベールをつくりだす。
水口博也

Chasing Fish

雲のように群れる魚群は、捕食者に狙われるたびに
花火が弾けるように散開し、ふたたび合流してひとつの塊になる。
巨大なアメーバのように変幻自在に形を変える魚群は、
時間とともに痩せ細り、彼らが消えたあとには、
無数の鱗だけが海中に降る雪のようにただよっていた。

The school of fish that cluster like a cloud, explodes like fireworks when attacked by predators, only to quickly return to form a cluster again.
The school of fish changes its shape like a giant amoeba.
As time passes by, the shadow becomes thinner, and after they are all gone, the remaining scales float in the waters like snowfall

p66. 上下　晩秋のノルウェー北極圏。フィヨルドで冬をすごすニシンの群れを追って、シャチが姿を現す。
水口博也

上　ニシンの群れを海面に追いつめるカマイルカの群れ。
カナダ、ブリティッシュ・コロンビア州、クイーン・シャーロット海峡
Paul Nicklen/National Geographic Creative

ノルウェー北極圏の晩秋、ニシンを追ってフィヨルドに集まるのはシャチだけではない。摂氏2度の海中で、膨大なニシンの群れを狙ってザトウクジラも姿を現す。
Fabrice Guerin

上　ノルウェー北極圏のフィヨルドで、越冬するニシンの群れをそれぞれに追うザトウクジラとシャチの姿をドローンがとらえた。
Espen Bergersen/naturepl.com

p.71　晩秋のノルウェー北極圏、雪におおわれはじめた山やまを背景に、ニシンの群れをおそうザトウクジラが海面を突き破る。
Espen Bergersen/naturepl.com

獲物を追う捕食者の姿は、それがとりわけ、
仲間と共同して狩りをするハンターたちなら、いつも嬉々として映る。
陸上のライオンやオオカミであっても、海中のクジラやイルカであっても。

*p.72*上　1年のある季節、イワシの巨大な群れが海を満たす南アフリカ沿岸。巨大な雲のように群れる魚群をハセイルカが狙う。
南アフリカ、東ケープ州沿岸 /Michael Aw/SeaPics.com

*p.72*下　魚群を下から狙うハセイルカと、上空から狙うシロカツオドリと。海中にダイビングしたシロカツオドリの羽毛の間に含まれていた空気が、水中に銀色に輝く泡の軌跡を描きだす。
南アフリカ、東ケープ州沿岸 /Pete Oxford/Minden Pictures/Age fotostock

上　ハセイルカに追われるたびに、花火のように弾け散る魚群は、また別のところでひとつの大きな塊をつくりだす。
南アフリカ、東ケープ州沿岸 /Michael Aw/SeaPics.com

左　イルカに追いつめられ、海面に跳ねまわるボラの群れを空中でもとらえる。
フロリダ湾のハンドウイルカ /Todd Pusser

上　数頭のハラジロカマイルカが、アンチョビーの群れのまわりをすばやく泳ぎまわり、捕食しやすいように魚群をまとめる。
アルゼンチン、バルデス半島、ヌエボ湾
Brian J. Skerry/National Geographic Creative

下　砂地が広がる海底では、ほんの小さな岩さえ魚礁になる。その魚群に集まるタイセイヨウマダライルカたち。
バハマ / 水口博也

魚たちは群れをなして生存の可能性を高め、
イルカたちは群れで魚群を囲いこむ。
本能とでも呼べる生得的な行動と、学習によって得られる
高度な社会行動の違いはあっても。

p.76 上下　アンチョビーの群れを追うハセイルカ。ハセイルカの動きにあわせて、魚群全体がアメーバのように自在に形を変えた。
カリフォルニア、サンタバーバラ沖 / 米田将文

上　アンチョビーの塊を狙って、ハセイルカの群れが海中からいっせいに躍りだす。
カリフォルニア、サンタバーバラ沖 / 水口博也

上　アルゼンチン、バルデス半島で、オタリアの繁殖の季節に毎年繰りかえされるシャチの豪快なハンティング。

Francois Gohier/VWPics/Age fotostock

p.79　獲物を狙って海岸線を遊弋(ゆうよく)するシャチと、浜の上に避難したオタリアたち。沖では、シャチの狩りのおこぼれを狙ってオオフルマカモメが待機する。

アルゼンチン、バルデス半島 / 水口博也

獲物を捕食するための歯もあれば、
雄同士が競いあうための道具としての歯もある。
獲物をとらえるための歯なら、雌雄の間で大きく違わないが、
とりわけ雄だけが奇抜な歯をもつのなら、
おそらくはライバルと競うための剣。
より強く雌を求めようとする競争は、ときに奇抜な造形を雄にもたらす。

A set of teeth may be a tool to eat the prey, or be a tool to fight rival males.
The teeth used to catch prey are not so different between the male and female.
If the male teeth are particularly conspicuous,
they are probably swords used to brandish before the rivals.
The battle for females turns the males' teeth to the strangest shapes.

Living by Teeth

*p.80*上　海底の砂のなかに潜むテンスなどの小魚を、口の先で掘りだしてとらえるタイセイヨウマダライルカ。
バハマ / 水口博也

*p.80*下　とらえたイラの尾びれをくわえて泳ぐミナミハンドウイルカ。
利島 / 高縄奈々

上　魚をとらえたハンドウイルカ。世界中に広く分布するハンドウイルカなかで、ここスコットランドのモーレイファースで観察されるハンドウイルカは、体がもっとも大きい個体群のひとつである。
Charlie Phillips/Fotosearch RM/Age fotostock

左　アメリカ東海岸サウスカロライナ州の大西洋岸に広がる潮汐水路では、ハンドウイルカがボラの群れを勢いよく浜に向けて追いたて、自分自身も浜に乗りあげて捕食を行う。
Kevin M. McCarthy/Shutterstock.com

左　イッカクの雄が見せる牙は、上顎左側の犬歯（以前は門歯と考えられていた）が唇を突きぬけて長くのびたもの。ときに3メートルにも達し、雌をめぐってスパーリング（牙を交わしあう行動）を行うこともある。

カナダ、バフィン島、ランカスター海峡
Paul Nicklen/National Geographic Creative

上　タイセイヨウダラ Arctic Cod を食べるために集まる、イッカクの雄たち。牙は塩分濃度など環境の変化を感知したり、餌を探したりするための感覚器官でもあるようだ。

カナダ、バフィン島、ランカスター海峡
Flip Nicklin/Minden Pictures/Age fotostock

上/左　カワイルカの仲間は、頸椎が癒合しないためにさまざまな向きに向けることができる首と、細長いくちばしをもつ。いりくんだ浸水林のなかを泳ぎながら、川岸や沈下した樹木の間に潜むえものを巧みにとらえる。

ブラジル、ネグロ川 / 水口博也

p.85　イルカの仲間の口には、似たような牙状の歯が並ぶのが常だが、アマゾンカワイルカは、顎の前のほうには牙状の、奥には杭状の歯をもつ。

ブラジル、ネグロ川 / 水口博也

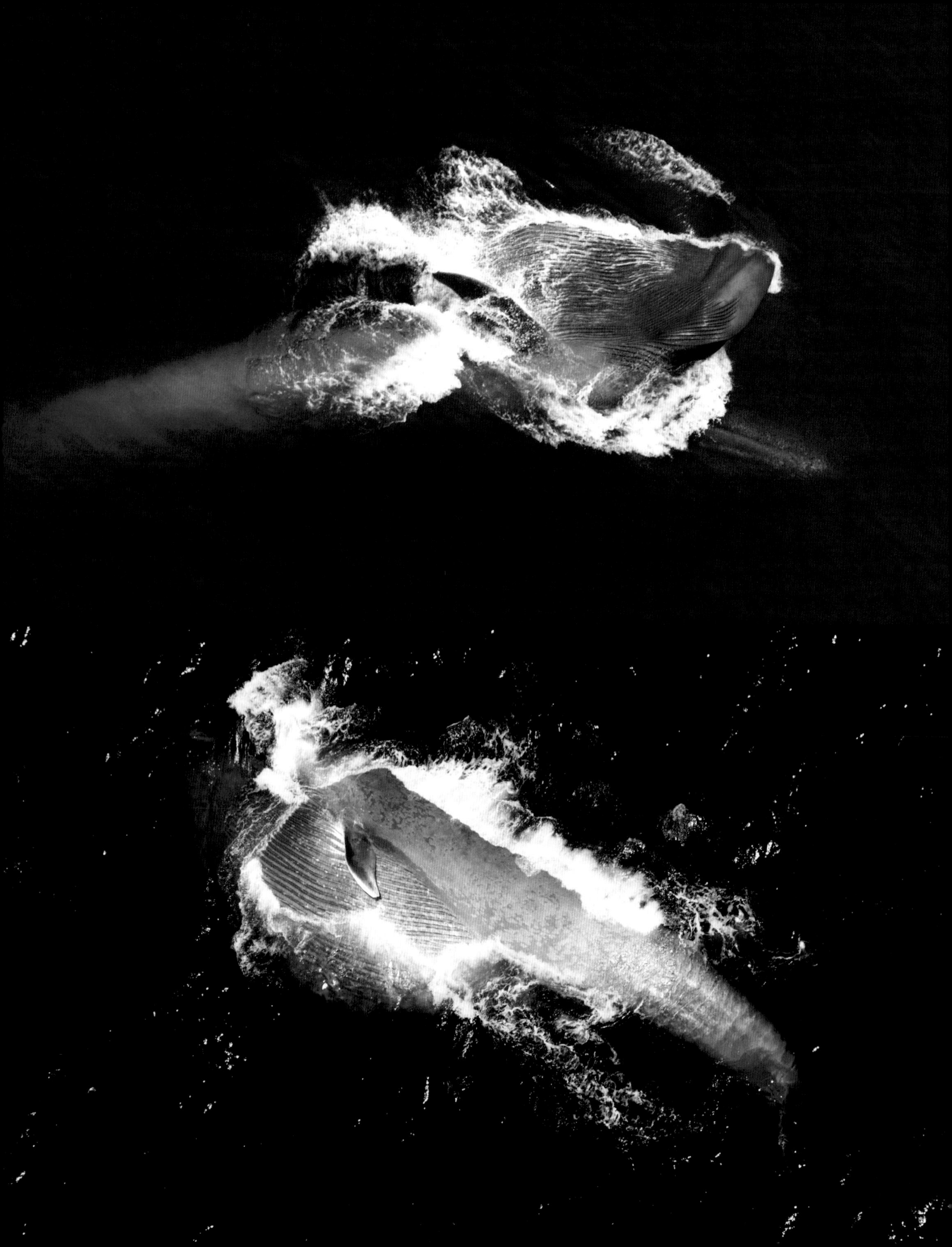

The Biggest Gulp

喉をいっぱいにふくらませて、
餌生物の群れを海水ごと一気にすくいとる。
あとは海水を、ヒゲ板の間から押しだすだけ。
ナガスクジラ科のクジラたちが見せる豪快な採餌行動――。
この効率的な採餌方法を手にしてこそ、
体長25mの巨鯨シロナガスクジラは
体長わずか数センチのオキアミだけを食べて暮らすことができる。

*It pumps up its throat to scoop up a herd of its prey along with sea water
and washes out the saltwater through the baleen plates.
The balaenopterid whales show such a dynamic foraging behavior.
This most efficient method of foraging allows the 25-meter long blue whale
to survive despite feeding only on the tiny krill.*

p.86　シロナガスクジラが口を開けて、オキアミが群れる海中を勢いよく泳ぐと、口のなかに流れこむ海水とオキアミの群れで、喉が大きく膨らむ。
メキシコ、バハ・カリフォルニア沖 / 水口博也

上　シロナガスクジラの採餌中、海上に現れた下顎。何本もの溝が刻まれて、これがアコーディオンの蛇腹のように大きく広がることで、オキアミが群れる海水を一度の大量に口のなかにとらえることができる。
カリフォルニア、サンタバーバラ沖 / 水口博也

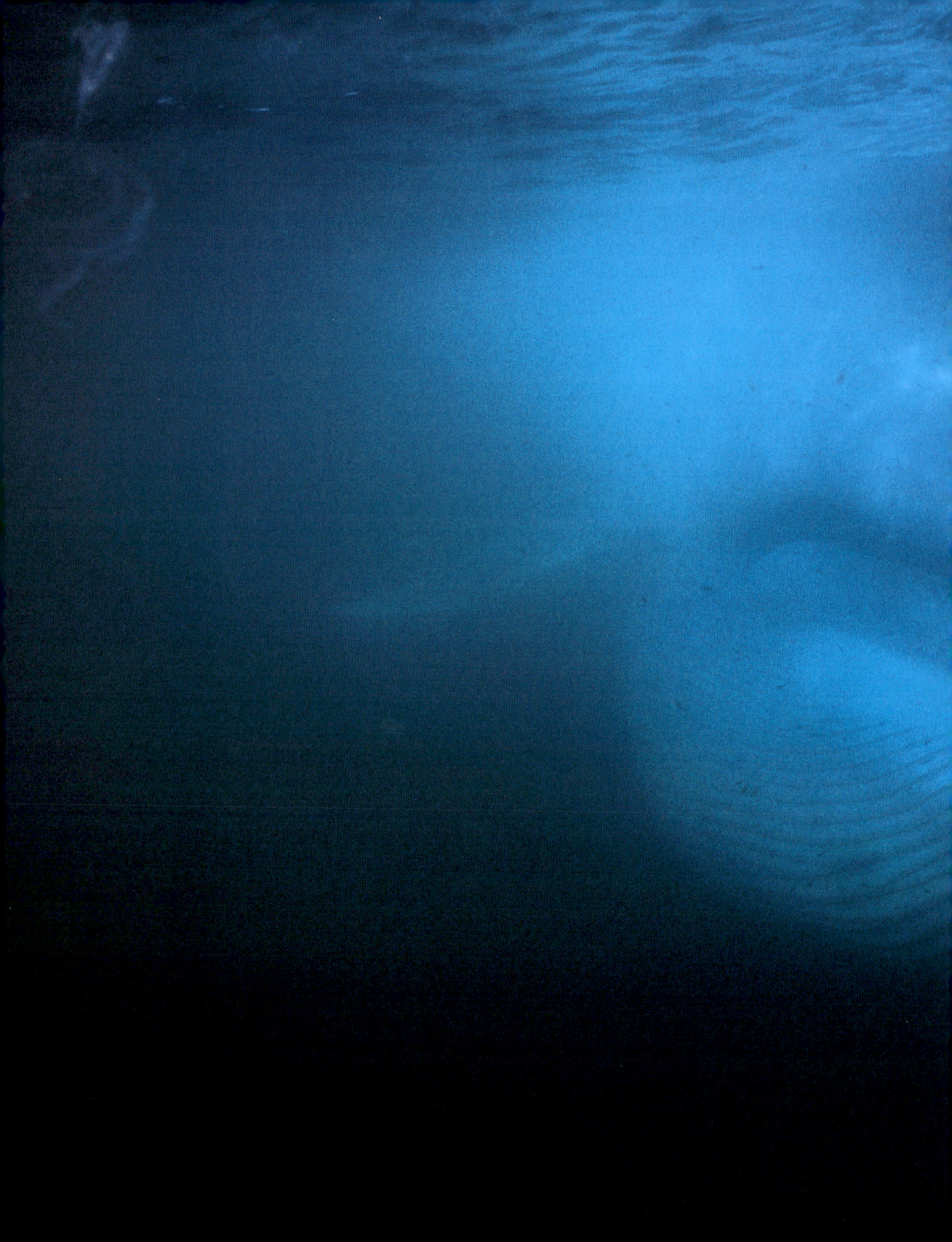

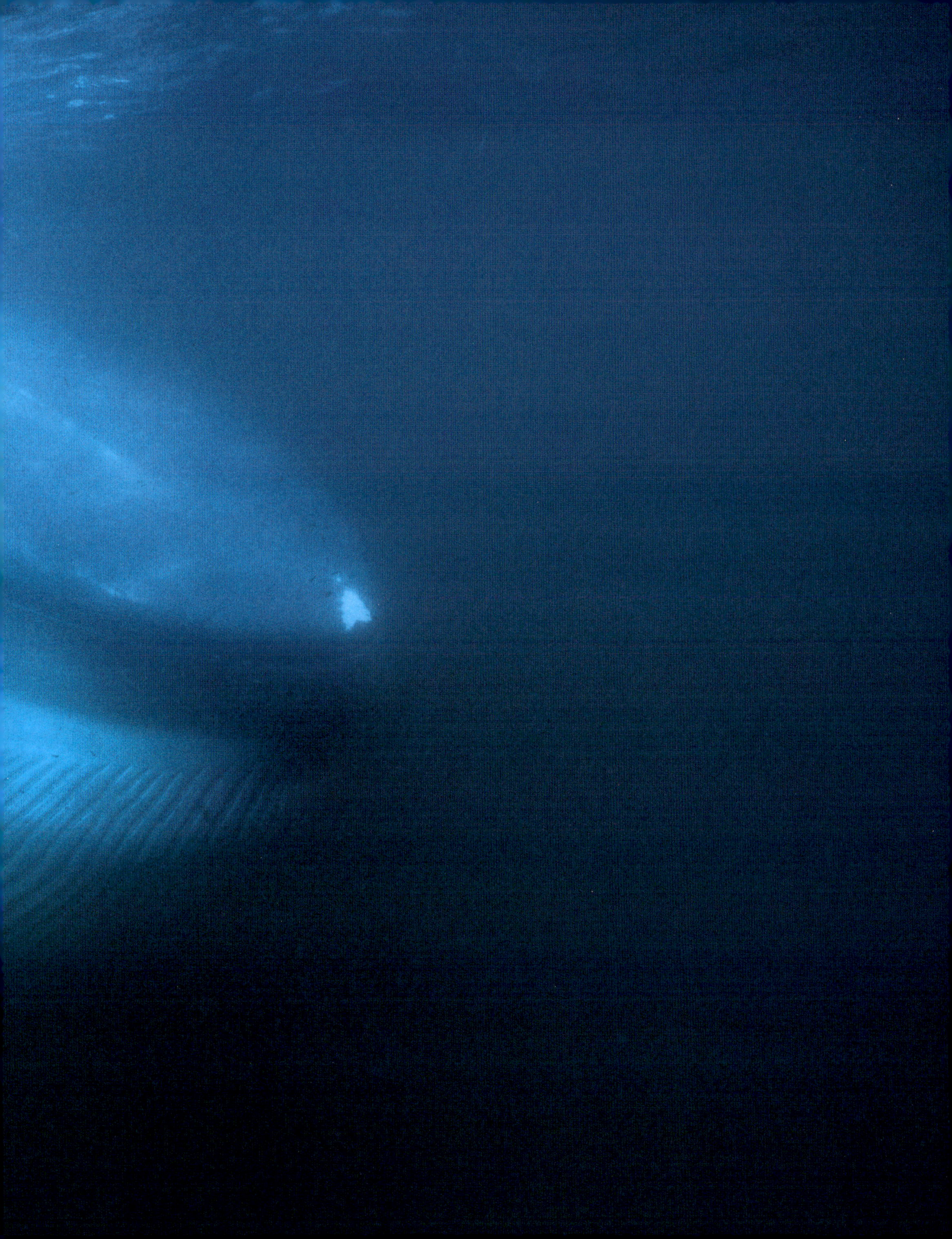

上　タイ湾に生息するカツオクジラが見せる奇妙な捕食行動。海面に突きだした口を大きく開いて、まわりで跳ねるカタクチイワシが口のなかに飛びこんでくるのを待って捕食する。
木村秀史

右　口を開いたカツオクジラの上顎に並ぶヒゲ板が見える。クジラがつくる水の動きがカタクチイワシを刺激するのだろう。
タイ、タイ湾 /Oolulu/Fotosearch LBRF/Age fotostock

p.88　大量のオキアミと海水を口のなかにとりこみ、下顎が大きく膨らんだシロナガスクジラ。このあと両顎のすきまからヒゲ板ごしに海水を押しだし、口のなかに残るオキアミだけをのみこむ。
メキシコ、カリフォルニア湾 / 水口博也

p.92 上下　イワシの群れを海水ごととりこみ、下顎が大きく膨れあがったニタリクジラ。口を閉じたあとで、両顎のすきまから海水を押しだす。このクジラが海面で魚群をとらえようとしたとき、口のなかに入りこんだ空気が、海水といっしょに押しだされている。
メキシコ、カリフォルニア湾 /Doug Perrine/SeaPics.com

上　このニタリクジラを含むナガスクジラ科のクジラが同様の餌とりを行うとき、体の右側を下に横倒しにすることが多い。
メキシコ、カリフォルニア湾 /Doug Perrine/SeaPics.com

p.94　ナンキョクオキアミを含んだ海水を口いっぱいにとりこんだザトウクジラ。ザトウクジラは2頭で揃って採餌を行うことが多い。
南極半島沿岸、ゲルラッシュ海峡
Yva Momatiuk & John Eastcott/Minden Pictures/Age fotostock

p.95 上　アンチョビーの群れを口いっぱいに含んで、喉を大きくふくらませたザトウクジラ。閉じられはじめた両顎のすきまから海水が流れでる。
カリフォルニア、モントレー湾／水口博也

p.95 下　海面直下に群れるニシンを狙って、口を開けたまま海中から一気に海面を突きやぶったザトウクジラの群れ。クジラたちの口におさまりきれなかったニシンが、弾ける水しぶきの間で体を躍らせる。
東南アラスカ、スティーブン水路 / 水口博也

暗い海中に降る雪のように、無数の鱗がただよい流れていく。
クジラの口のなかから、海水とともに押しだされた生命の残滓(ざんし)。

p.96　東南アラスカの沿岸水路は、北太平洋を回遊するザトウクジラの夏の餌場。この海に来遊するザトウクジラは、十数頭が協同してニシンの群れを追う。
フレデリック海峡 / 水口博也

左　ノルウェー北極圏、フィヨルドで越冬するニシンの群れをシャチとともに追うザトウクジラ。魚群をとらえたクジラの下顎が大きく膨れあがった。
George Karbus

上　口を開いたミナミセミクジラ（正面から）。口の左右は長いヒゲ板でおおわれるが、ヒゲ板のない正面に開口部ができる。

アルゼンチン、バルデス半島、ヌエボ湾
Francois Gohier/VW Pics/Age fotostock

右　セミクジラの仲間がこの姿勢で泳ぐと、口の正面から流れこむ海水は、口の側面のヒゲ板のすきまから流れだす。そのとき、海水中のプランクトンが口の内側でフィルター状のヒゲ板に濾しとられる。

アルゼンチン、バルデス半島のミナミセミクジラ
Chris & Monique Fallows/naturepl.com

Rings & Spirals

円弧を描きながら勢いよく泳ぎ、
まきあげられる砂塵やたちのぼる気泡がつくる輪や螺旋(らせん)で
獲物を閉じこめて狩りを行うクジラやイルカたち。
輪や螺旋は、彼らの知恵を象徴するひとつの形。
シロイルカは、吐きだす息を使ってつくりだす気泡の輪を、
自らの創造力でより洗練されたものに磨きあげていく。

The cloud of dust and bubbles that wind up as they swim strongly in an arc forms rings and spirals to imprison the prey.
For the whales and dolphins, the "ring" and "spiral" are forms that their wisdom take.
The white whales use their breaths and their creativity to shape an even more sophisticated ring of bubbles.

上　フロリダ湾のハンドウイルカが見せるマッドリング・フィーディング。
Brian J. Skerry/National Geographic Creative

p.103　イルカが浅瀬で尾びれを力強く打ちふりながら、螺旋を縮めるように泳ぐと、まきあげられる泥のリングがボラの群れを螺旋の中央に追いつめていく。こうして集中した魚群を、イルカたちがいっせいに捕食する。
フロリダ湾 /Brian J. Skerry/National Geographic Creative

p.104 上　ザトウクジラはときに1頭でも、海中で吐きだす泡をリング状にして魚群を閉じこめるテクニックを見せる。
東南アラスカ / 水口博也

p.104 下　海中で泡を吐きだしながら螺旋を描いて泳ぎ、海中の魚群をまとめたあと、海中から海面に向けて一気に魚群をすくいとるザトウクジラ。
アメリカ東海岸、メイン湾 /Gulf of Maine Prod/Fotosearch RM/Age fotostock

上　南極半島沿岸で、噴気孔からの気泡の網にナンキョクオキアミを閉じこめて捕食するザトウクジラ。
van der Meer Marica/ArTerra Picture Library/Age footstock

クジラが吐きだした息が、海中にたちのぼる泡の網をつくりだす。いっしょに狩りを行う何頭ものクジラが、泡の網のなかへニシンの群れをいっせいに追いたて、一気に海面に向けて魚群をすくいとってしまう。「バブルネット・フィーディング」と呼ばれて、東南アラスカに来遊するザトウクジラたちが見せる際だった捕食行動である。
チャタム海峡／水口博也

上　このときは威嚇のためと思われた。タイセイヨウマダライルカが海中で勢いよく吐きだした息が、輪になってたちのぼる。
バハマ / 水口博也

p.109上　ベルーガが、口で水を吹いて（目には見えない）強い流れをつくったあと、その水流に向けて噴気孔から息を吹き入れると、泡がきれいな輪をつくりだす。ベルーガが自ら工夫しながら、より洗練されたテクニックに磨きあげてきたもの。

p.109下　口に含んだ空気を水とともに勢いよく吐きだして、きれいな泡の輪をつくりだすベルーガ。
上下とも、島根県立しまね海洋館アクアス / 水口博也

上　アゾレス諸島で目撃されたアルビノの赤ちゃんを連れたマッコウクジラ。
Flip Nicklin/Minden Pictures/Age fotostock

右　上の写真が撮影されたちょうど1年後、同じ海域で撮影されたアルビノの幼いマッコウクジラ。
ポルトガル、アゾレス諸島、サンミゲル島沖 / 水口博也

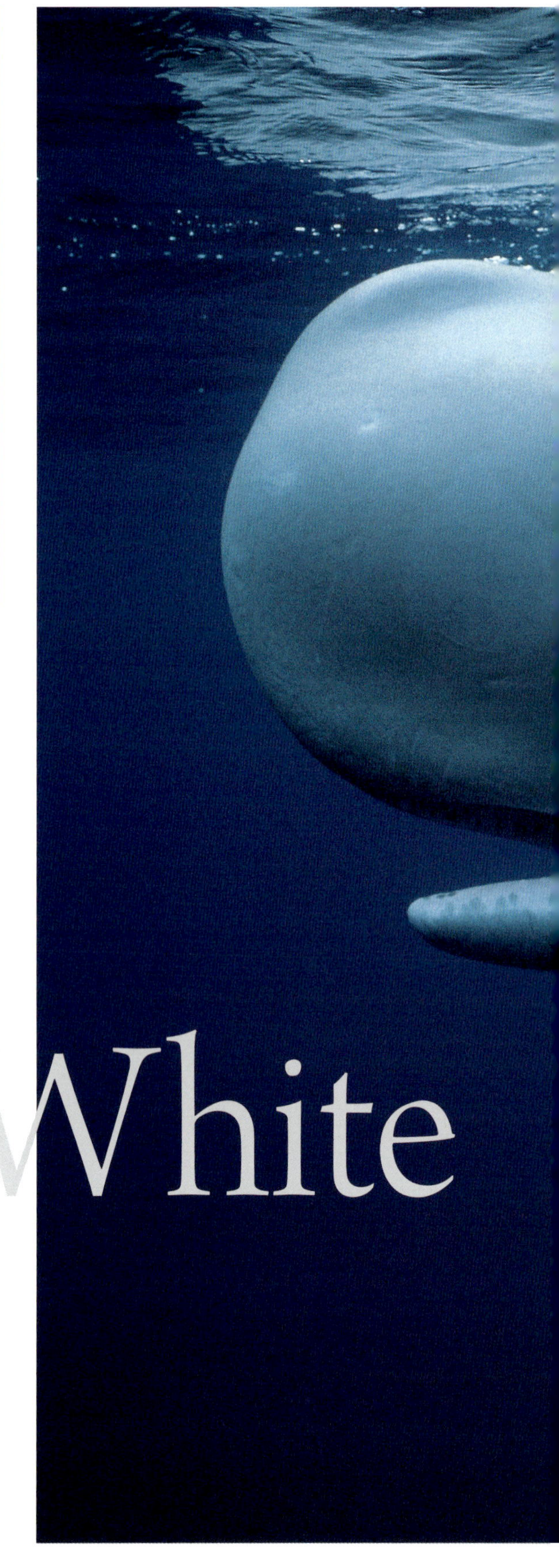

Whiter than White

19世紀の家ハーマン・メルビルは、
自身が捕鯨船に乗っていたときに目にした
アルビノのクジラをモデルに『白鯨』（モビーディック）を著した。
マッコウクジラだけでなく、アルビノが知られている種は少なくない。
一方、濃灰色で生まれるシロイルカは、７〜８歳を迎えるころには、
体は雪よりも白い体色の皮膚に包まれるようになる。

19th century author Herman Melville wrote "Moby Dick"
after witnessing an actual albino whale while traveling on a whaling ship.
There are many species that produce albinos, and an albino sperm whale is not a rarity.
Meanwhile, the white dolphin is born grey,
but as it reaches the age of seven or eight,
its body is covered by white skin that looks whiter than snow.

p.112　カリフォルニア、サンタバーバラ沖で目撃された、純白のシロナガスクジラ。
Flip Nicklin/Minden Pictures/Age fotostock

上　小笠原諸島で観察された全身が白いハシナガイルカ。夕暮れどきの暗い海面のなかに怪しげに浮かびあがる。
南俊夫

左　和歌山県太地沖で観察されたアルビノのハナゴンドウ。目も赤く見える。
和歌山県、太地町立くじらの博物館 / 水口博也

上　全身が白いミナミセミクジラの子ども（アルビノではない）が海面に体を躍らせる。アルゼンチン、バルデス半島周辺では毎年2～3頭目撃されている。
水口博也

左　遅い午後、海は夕凪の時間。暗い海中に白い体の影が浮かびあがる。
アルゼンチン、バルデス半島、ヌエボ湾 / 水口博也

p.115　こうした白いミナミセミクジラの子どもが成長すると、白い部分は淡い褐色に変わっていく。頭部には大小のこぶ状の突起（ケロシティー）が散在、そのまわりにクジラジラミ（橙色の部分）が寄生する。
アルゼンチン、バルデス半島、ヌエボ湾 / 水口博也

夕暮れどきの海で、ぼくは海面に浮かんで
このミナミセミクジラの子どもを眺めていた。
光が沈みはじめた海中に、
クジラの白い体だけが海面からの残照を映して、
幻のように光を放っていた。

暗い海中で、撮影者を眺めるベルーガ（シロイルカ）。海中に多彩な声を響かせるために、かつて船乗りたちに「海のカナリア」と呼ばれた彼らの賑やかな話し声が響く。
カナダ、ハドソン湾 /George Karbus

p.117 上下　ハドソン湾を群れ泳ぐベルーガ。成長した雄では、胸びれの先がわずかに上に反りかえるようになる。
水口博也

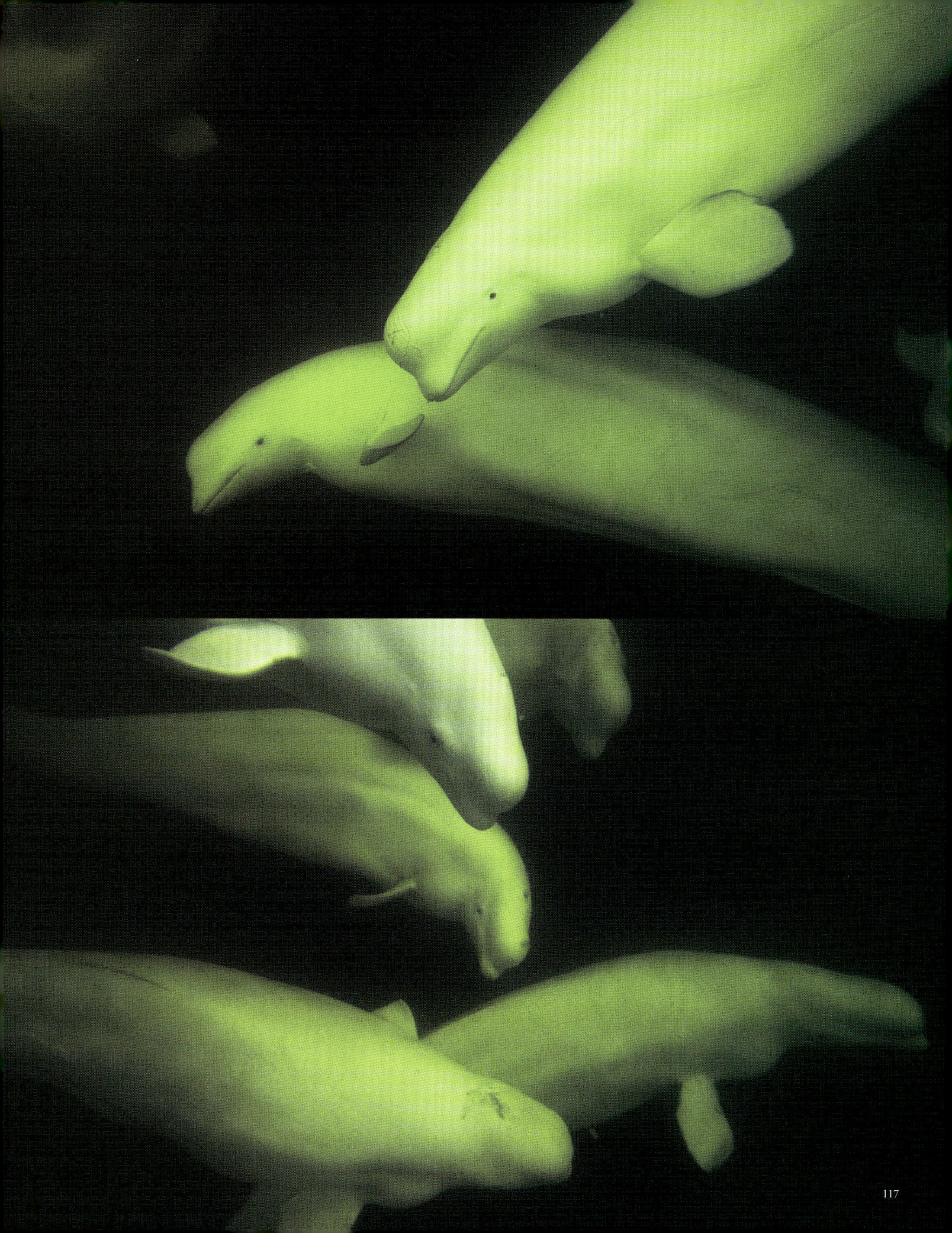

With Companion

同行者が、常に親しい仲間であるとは限らない。
船のへさきを泳ぐように、ときに巨鯨の鼻先を泳ぐイルカたちの群れは
クジラにとっては煩(わずら)わしいだけの存在。ひれで海面をたたきつけ、
泳ぐ向きを変えて懸命に遠去けようとするものの、
最後はあきらめて、同行者の存在を許さざるを得なくなる。

Your traveling companion may not always be your friend.
The herd of dolphins that swim around the tip of the nose of the giant whale,
as if swimming around the bow of the ship, is nothing but a nuisance to the whale.
The whale slams its fins on the surface of the water to change its course,
hoping to chase them away, but in the end the whale gives up and let them be.

ポルトガル、アゾレス諸島のサンタ・マリア島の沖で、マイルカとともに小魚の群れを追うニタリクジラ。
Jordi Chias/naturepl.com

上　行く手にユメゴンドウの群れを見つけ、急旋回をはじめるザトウクジラ。

メキシコ、リビヤヒヘド諸島 / 水口博也

右　ザトウクジラの前を、先導するように泳ぐハセイルカの群れ。

カリフォルニア、モントレー湾 / 水口博也

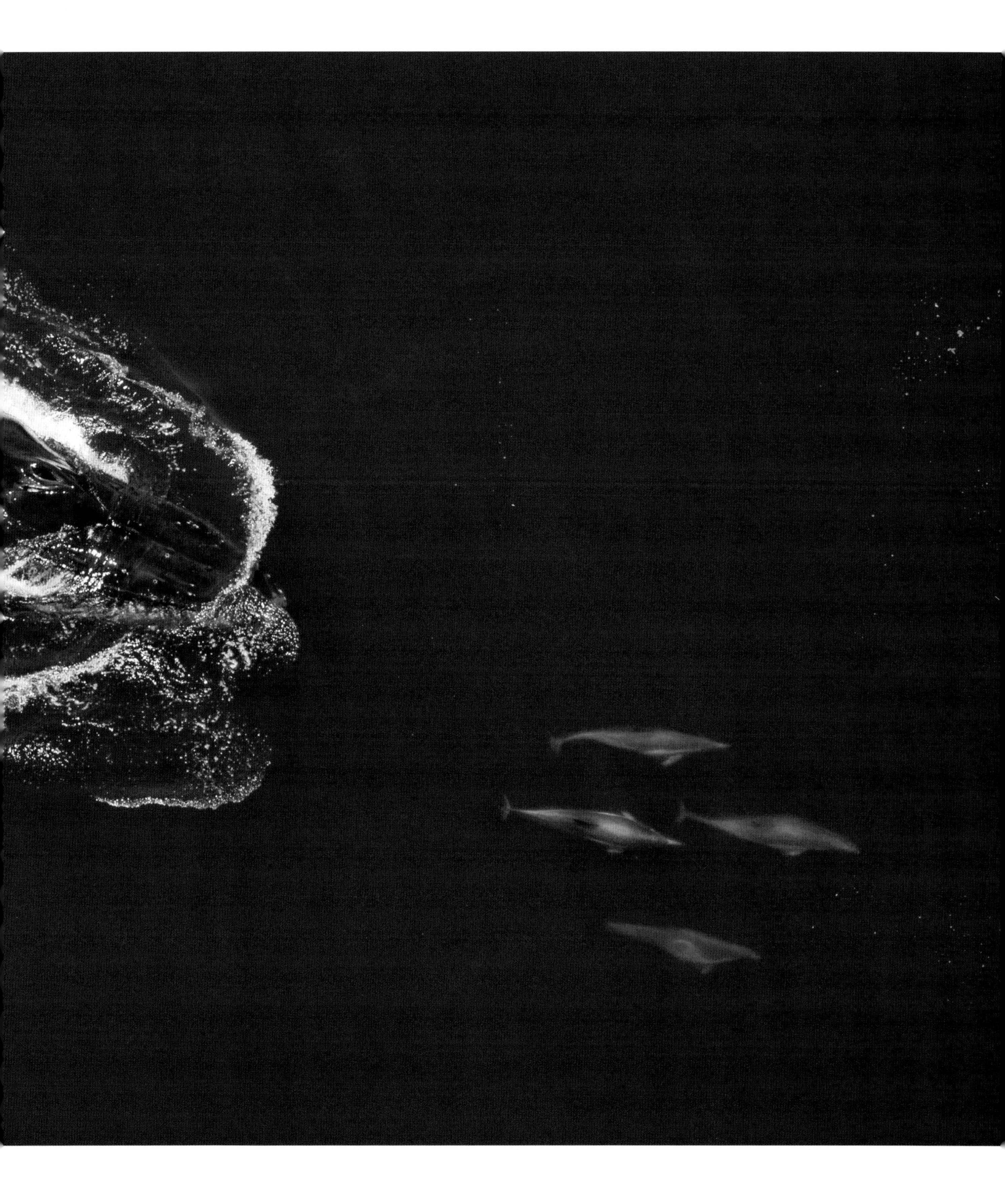

上　アルゼンチン、バルデス半島の海岸線にはオタリアが数多く生息する。ミナミセミクジラに興味を示すオタリア。
Wildestanimal/Shutterstock.com

*p.123*上　ハンドウイルカにまとわりつかれたミナミセミクジラの親子。母クジラは、最初は追い払うように、尾びれや胸びれで海面を激しくたたきつづけたが、やがて穏やかにいっしょに泳ぎはじめた。
アルゼンチン、バルデス半島、ヌエボ湾 / 水口博也

*p.123*下　ミナミセミクジラのまわりを泳ぐハラジロカマイルカ。バルデス半島のまわりでもっともよく観察されるイルカである。
Stephen Wong

上　全身が白いミナミセミクジラの背に舞いおりるミナミオオセグロカモメ。クジラの体につく寄生虫をついばむと同時に、クジラの古い皮膚もついばむために、クジラはカモメを嫌ってすぐに潜ってしまう。

アルゼンチン、バルデス半島、ヌエボ湾 / 水口博也

右　ミナミセミクジラの噴気のなかを飛翔するミナミオオセグロカモメ。浮上するクジラをめざして、カモメが一直線に飛んでいく。

アルゼンチン、バルデス半島、ヌエボ湾 / 水口博也

Blue Water Cradle

蒼海の只中で、子クジラをいとおしげにあやす母クジラや
幼子を群れの真中において守ろうとするマッコウクジラの家族群。
幼い子クジラの心を癒(いや)すのは、
何より母親のぬくもりと家族の絆である。
大海原を行くときには、母クジラの泳ぎがつくりだす
水の流れが、子クジラの体を運んでいく。
母親は抱く腕はもたないけれど、水という媒体が子クジラの体を優しく抱いている。

The families of sperm whales that swim in the deep blue sea place their children in the center of their herd.
What comforts the baby whale is nothing other than the mother's warmth and family ties.
The currents of water that the mother whale's swimming creates
as the herd ventures into the open seas carry with them the body of the baby whale.
The mother whale may not have arms to hold her child,
but the baby whale can feel the mother's warm embrace through the water.

上　マッコウクジラの出産直後に観察された後産（胎盤）。
ポルトガル、アゾレス諸島 / 水口博也

左　数時間前に生まれたばかりの赤ちゃんを連れて泳ぐマッコウクジラの群れ。赤ちゃんクジラの腹部には、まだへその緒がついている。
ポルトガル、アゾレス諸島 / 水口博也

p.126　ザトウクジラの母子。彼らが休息するときには、しばしば体をたてた姿勢をとる。
トンガ /Tony Wu

p.127　母親の体の下に潜りこんで憩うザトウクジラの子ども。
トンガ /Tony Wu

海底で休む母親のもとを離れて、撮影者に興味を
示して接近するミナミセミクジラの子ども。
アルゼンチン、バルデス半島、ヌエボ湾 / 水口博也

妊娠、出産につづく授乳という行為と、
ともにすごす時間の長さが、
母子の絆を絶対的なものになる。

p.131 上下　海面で休息する母親のまわりを泳ぎながら戯れるミナミセミクジラの子ども。南アフリカ、ハマナス沖、空撮の途中で何匹もの巨大なホオジロザメの影を海面に見かけた海でもある。
水口博也

上　ハシナガイルカの子どもを連れて泳ぐミナミハンドウイルカ。異種の子どもを助けているというよりは、むしろ奪いとったかにも見える。
小笠原諸島 / 南俊夫

右　スペイン、カナリア諸島の沖で、死んだ子どもを口にくわえて運ぶコビレゴンドウの雄。
Jordi Chias/naturepl.com

左上　母親の背中に乗って戯れるコククジラの赤ちゃん。
休む母親の背に乗りあげては滑り落ちる遊びを繰りかえすことも多い。
メキシコ、サンイグナシオ湾 / 水口博也

左上　コククジラの繁殖地のひとつサンイグナシオ湾ですごす、コククジラの母子。
冬に誕生した子クジラが成長する春、極北の餌場に向けて回遊をはじめる。
水口博也

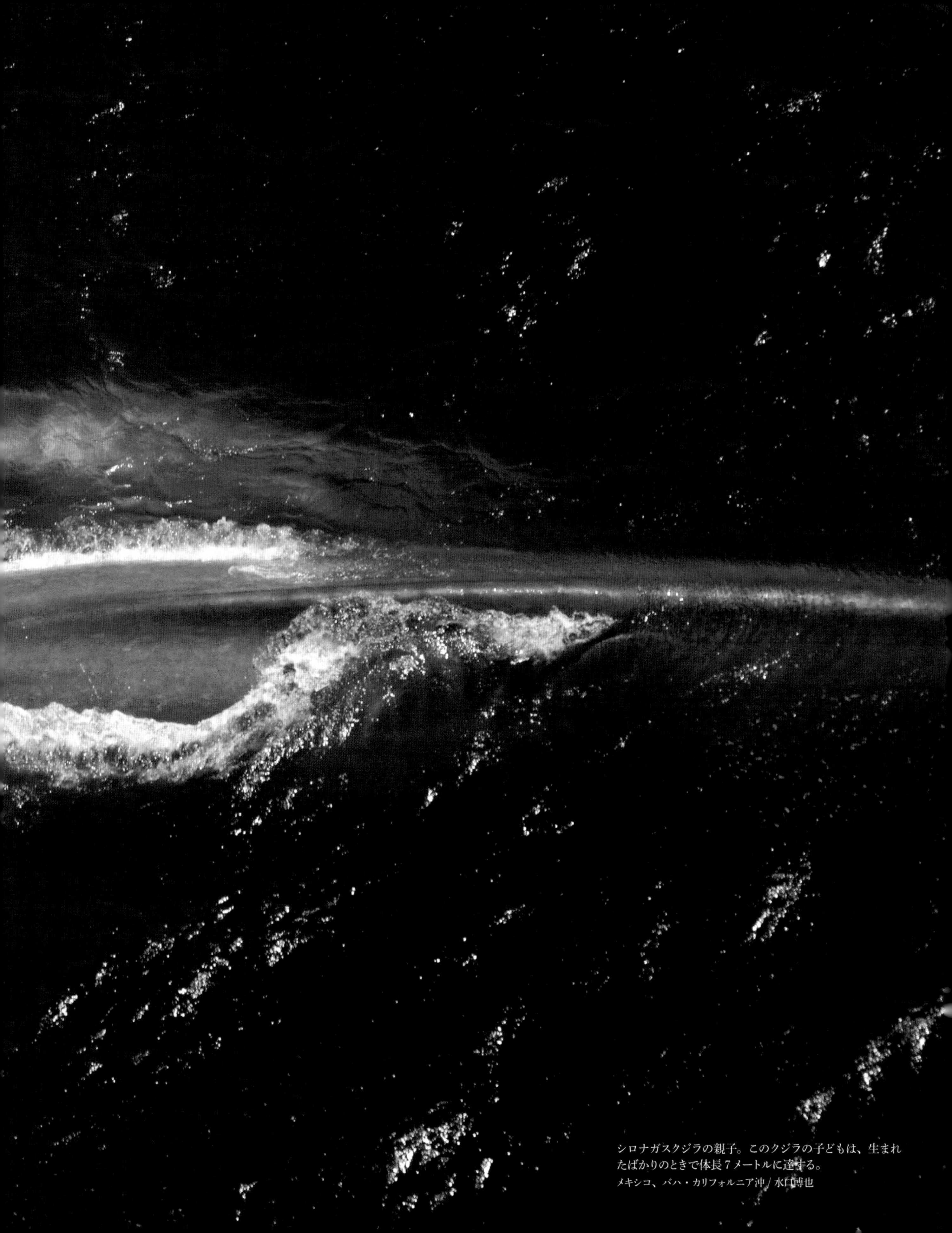

シロナガスクジラの親子。このクジラの子どもは、生まれたばかりのときで体長7メートルに達する。
メキシコ、バハ・カリフォルニア沖／水口博也

Magic Hour

今日最後の輝きを放って水平線に沈みゆく太陽が投げかける光は、
黄金色から薔薇色へ、そして葡萄色へと刻一刻と彩りを移していく。
魔法に魅せられた時間──多くの動物たちにとっては休息のときだが、
外海で魚群を追うイルカたちにとっては、
夜間に深場から浮上する獲物を狙って、響宴の時間のはじまりでもある。

The last glimmer of light from the sun that is about to set beyond the horizon
to end the day shifts from gold to rose to violet, in a matter of seconds
The magic hour—is a moment of repose for many animals.
But for the dolphins that chase the herds of fish in the outer seas.
It is a time for the feast to begin,
as they wait for their prey to rise from the depths of the seas in the darkness of the night.

p.136　1月のアイスランド。午後、早々に黄昏色に染まる海をシャチが泳ぐ。
Ben Hall/Naturepl.com

p.138　空の色が刻一刻と色あいを映していく夕暮どき。カリフォルニア、モントレー湾でザトウクジラの群れが魚群を捕食しつづける。
Paul Nicklen/National Geographic

上　日中、島影で休息していたハシナガイルカの群れは、午後遅くに沖に向かって移動をはじめる。このとき派手なジャンプを繰りかえしながら泳ぐことが多い。
小笠原諸島 / 南俊夫

p.141　1日最後の輝きを放ちながら、西の水平線に太陽が沈んでいく。海面を突き破ったイルカは、その瞬間空の住人になる。
Willyam Bradberry/Shutterstock.com

西の水平線からぼくが船を浮かべる場所まで、
海面に光の回廊がのびていた。
その回廊を乱すのは、
イルカたちの動きがつくりだす波としぶきと。

p.142　小笠原諸島で、ザトウクジラの季節がまもなく終わろうとする4月。成長した子クジラが沈みゆく太陽を背景にブリーチを見せた。クジラの体からのしぶきが億万の光の粒子になって弾け散る。
南俊夫

p.144　西に連なるカリフォルニア半島の影を背景に、ハセイルカの群れが泳ぐ。カリフォルニア湾（コルテス海）の穏やかな黄昏。
水口博也

p.146　空も海も、黄金色に染まる東南アラスカの沿岸水路をシャチの群れが背びれを連ねて泳ぐ。かつて先住民はこの光景に、背に棘を並べた巨大な海の怪物を思い描いた。
リン水路 /John Hyde/Alaska Stock Images/Age fotostock

左　西の空にたなびく雲に沈みゆく太陽を背景に、海面に持ちあげた尾びれで水しぶきをあげるザトウクジラ。
小笠原諸島／南俊夫

写真解説

p.10-11

およそ6500万年前、恐竜たちが姿を消すと、それまで恐竜たちの足元でひっそりと暮らしていた哺乳類の仲間が、恐竜たちがいなくなった環境へ進出し、さまざまな種にわかれはじめる。あるものは、魚竜や首長竜などの爬虫類がいなくなった海へ進出を開始する。その後、カバに近い偶蹄類から、およそ1000万年をかけて、最初の鯨類が誕生した。

p.12-13

最初の鯨類が誕生してからさらに1000万年の後にはすでに、クジラの仲間は大海原を泳きまわる暮らしに適応した体をつくりあげていた。体全体を紡錘形に近づけ、後肢を退化させるとともに、尾の先端に力強く水を蹴って泳ぐ尾びれを発達させた。そして前肢は、海中でバランスをとったり、泳ぐ方向を変えるために“ひれ”に形をかえた。

p.14-15

南半球に広く生息するミナミセミクジラは、冬から春先にかけて、南アフリカ沿岸、南オーストラリアからニュージーランド南部沿岸、南米大陸南部（とくにアルゼンチン、バルデス半島周辺）に繁殖と子育てのために来遊する。この写真は、ニュージーランドの南方に浮かぶオークランド諸島で撮影された。ミナミセミクジラ：体長17m、体重80tに達する。

p.16-17

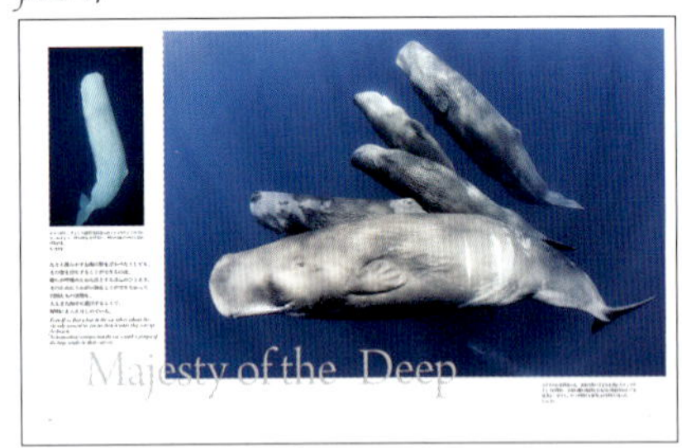

マッコウクジラは血縁関係のある雌同士が、絆の強い家族ユニットを形成。そこで生まれた子どもは、雌ならば生涯その群れにとどまり、雄ならばある程度成長すると群れを離れ、より広く（高緯度海域まで）回遊をはじめる。成長した雄が、ときおり雌たちの群れを訪ねる。マッコウクジラ：雄 最大で体長18m、体重45t、雌 体長11m、体重15t。

p.18-19

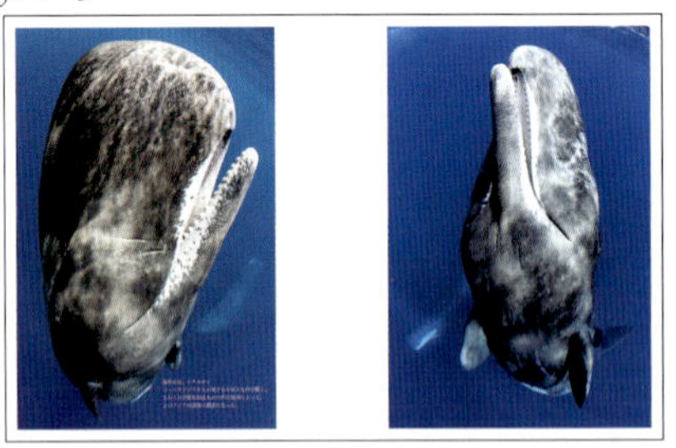

素潜り中のぼくたちの生命活動を支えるのは、肺のなかの酸素と、血液中のヘモグロビンに結びついた酸素だが、鯨類ではそれにあわせて、筋肉中にあるミオグロビンが大量の酸素をたくわえている。鯨類の筋肉が赤黒く見えるのはミオグロビンによるものだが、彼らの筋肉は運動のためのものであると同時に、潜水中に使う酸素の貯蔵場所にもなっている。

p.20-21

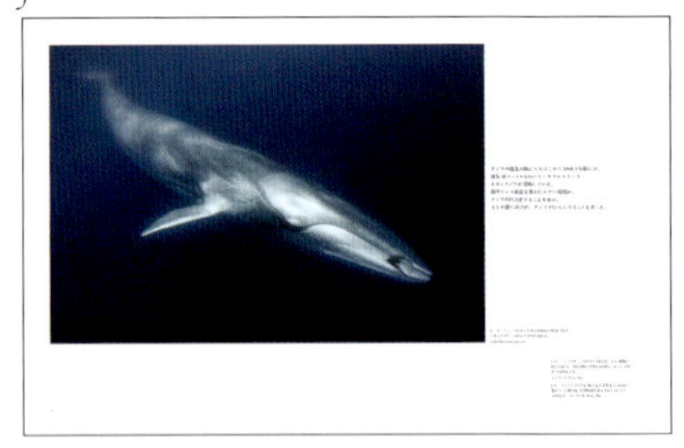

多くの鯨類の体色はほぼ左右相称だが、ナガスクジラでは下顎の右側（写真に写っている側）が白いのに対して、反対側（左側）は黒い。彼らは主に小魚の群れを捕食するが、捕食時にあたって体の右側を下に横だおしにすることが多いことと関わりがあるのかもしれない。ナガスクジラ：体長22m、体重75tに達する。

p.22-23

海底で体を横倒しにして採餌を行うコククジラは、体の倒しかた（右側を下にするか、左側を下にするか）に個体の癖がある。上顎の片側にかたまって付着するハイザラフジツボが、反対側にはほとんどついていない。フジツボがつかないのは、そちらを海底にこすりつけるからで、約7割の個体が右側を下にするようだ。コククジラ：体長14m、体重30t。

p.24-25

シャチが海面で息を吐きだすと、冷たい大気に触れて霧状の噴気となってたちのぼる。写真の舞台であるアラスカの沿岸水路には、豊かなサケやマスなど魚類ばかりを捕食する個体群「レジデント」と、イルカやアザラシなど海生哺乳類を襲う個体群「トランジエント」が知られる。シャチ：雄 体長9m、体重10t、雌 体長7m、体重7tに達する。

p.26-27

ハシナガイルカは地域変異が大きいことで知られる。インドネシアで撮影されたこの写真のハシナガイルカは、Dwarf spinner dolphinと呼ばれ、東南アジアからオーストラリア北部にかけて分布する亜種。英名のとおり、ほかの地域のハシナガイルカにくらべて小型（2/3から3/4程度）で、体長1.5mほど。

p.28-29

マイルカ科に属す3種。マダイルカ：体長 2.5m、体重 120kg。ハセイルカ：体長 2.5m、体重 最大135kg。カマイルカ：体長 最大 2.5m、体重180kgに達する。ハセイルカ Long-beaked common dolphin（*Delphinus capensis*）は、近年までマイルカ Short-beaked common dolphin（*D. delphis*）と同種にまとめられていた。

p.30-31

クジラの胸びれは、哺乳類の前肢が形を変えたもの。よく「5本指の骨がある」と言われるが、左写真のザトウクジラを含むナガスクジラ類は（母指にあたるものがなく）4列の骨をもつだけだ。一方尾びれは、クジラの祖先が海での暮らしをはじめたとき、尾（尾椎）の後端に発達させたもので、なかに骨はなく硬い繊維質からできている。

p.32-33

針葉樹の森が茂る島じまを散在させる東南アラスカの沿岸水路は、北太平洋を回遊するザトウクジラの夏の主な採餌海域だが、とくにハワイ諸島海域で繁殖を行うザトウクジラが来遊する。ザトウクジラは、利用する餌生物の選択が広く、南半球ではナンキョクオキアミが、北大西洋ではシシャモ（ノルウェー沿岸ではニシン）が、そしてアラスカ沿岸ではニシンの群れが主要な餌になる。

p.34-35

ザトウクジラの繁殖期に、雌をめぐって雄同士が見せる激しい動きのなかでの一幕。この季節、ザトウクジラの雄は、海中に抑揚のある声（歌）を海中に響かせる。体長13～14m、体重 30tの巨体が発する声は、海面にいてはボート全体をふるわせ、海中にいては耳で聞くというより、その振動を体全体で感じるといったほうがふさわしい。

p.36-37

左ページの写真は、ともに南アフリカ、プレッテンバーグ湾で撮影されたもの。写真のハンドウイルカだけでなく、ザトウクジラやミナミセミクジラを対象に、南アフリカでは有数のホエール・ウォッチングの場所だが、ときに大きな波が打ち寄せることでも知られる。もしこの湾から沖に向かえば、いっさいさえぎるものがなく南極海まで荒波がつづく。

p.38-39

南極大陸をとりまいて南極還流が流れはじめたのは、三千数百万年前。逆巻いて流れる海流は海中に酸素を満たすとともに、深海の営養分を海面近くにまきあげる。こうして誕生した膨大なプランクトンの群れを効率よく捕食しはじめたクジラたちが、当時すでに世界中の海洋に進出しはじめていたクジラの仲間から登場する。それが現在のヒゲクジラの祖先にあたる。

p.40-41

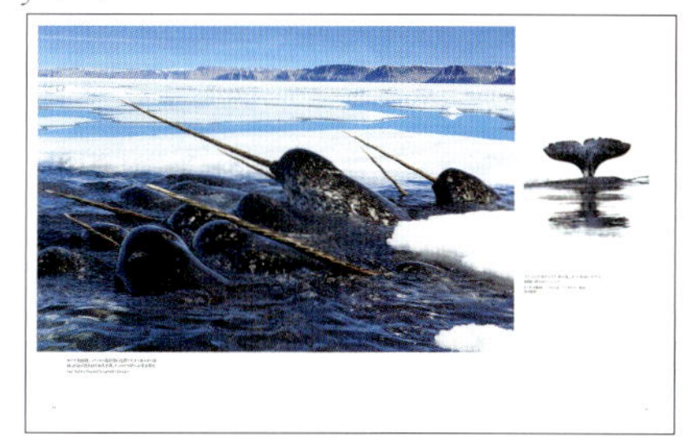

北極圏の氷海にすむ鯨類の代表格はイッカク。彼らは秋には海氷の発達にあわせ外海へ、春から夏にかけて海氷の後退にあわせて、ホッキョクダラやホッキョクイワナなどの餌生物を求めて内海に移動する。年齢や性別によって、それぞれの小群をつくる。イッカク：雄 体長 4.7m（牙をのぞく）、体重 1.6t、雌 体長 4.2m、体重 0.9tに達する。

p.42-43

ホッキョククジラは、北極海を中心に海氷がある海域ですごすが、オホーツク海に隔離された個体群が生息。16世紀以降の捕鯨により、ヨーロッパ側ではきわめて希少。100年以上前に打ちこまれた銛先が見つかったり、その他の研究から150～200年の寿命をもつことが明らかになった。ホッキョククジラ：体長 19m、体重 100tに達する。

p.44-45

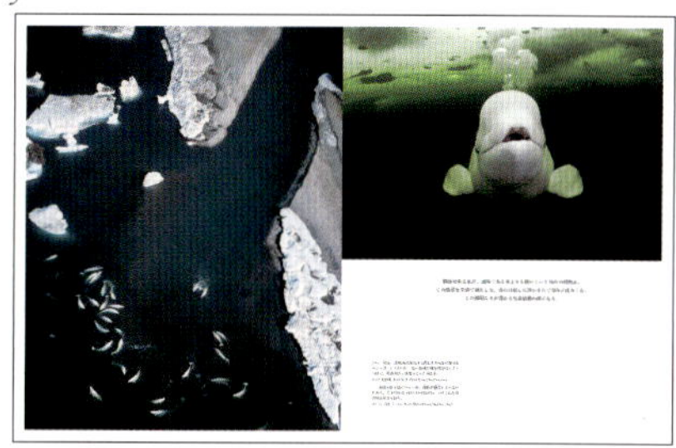

ベルーガ（シロイルカ）は、北極圏、亜北極圏に分布するが、隔離された個体群が、オホーツク海、カナダ東海岸セントローレンス川、アラスカのクック湾に生息。夏のはじめ、河口や浅い入江に集まり、体を丹念に海底にこすりつけて古い体表組織を落とす。ベルーガ：雄 体長 5.5m、体重 1.6t、雌 体長 4m、体重 1tに達する。

p.46-47

南極海で観察されるシャチには、現時点で5つの生態型が知られている。ミンククジラを中心に鯨類を襲うタイプA、南極半島を中心に海氷の間でアザラシを狙う大型タイプB、同様の場所でペンギンや魚類を襲う小型タイプB、ロス海に生息する魚食性のタイプC、もう少し緯度の低い場所で稀に観察されるだけで、その暮らしが謎に満ちたタイプD。

p.48-49

Howard Hall氏によって撮影されたジャイアントケルプの間のコククジラの写真は、1979年に購入したコククジラの本（友人の故 Theodore J. Walker の "Whale Primer"）のカバーに使用されていた。いまぼくたちが目にすることができる鯨類写真の秀作としてはもっとも初期に撮影されたもので、何とかこの本にも収録したいと考えていたものだ。

p.50-51

世界の海洋に分布するシャチは、（とりわけ他の鯨類以上に）各地の海にすむ個体群が、それぞれの海の環境や利用できる餌生物にあわせて、独自の採餌行動やハンティングのテクニックを発達させている。そうした行動は、ひとつの群れのなかで編みだされ、世代を超えて受けつがれてきたもので、動物がもつ"文化"といえるものだ。

p.52-53

沿岸にすむクジラやイルカにとって、海藻は常に最高の遊び道具になる。以前カナダ、ジョンストン海峡で、シャチがブルケルプの長い茎の一箇所を軽く噛んで歯形をつけ、つぎにはその横を噛んで歯形をつけ・・と、長い茎に歯形を連ねる"遊び"を楽しむのを観察した。それは、類推や推察といった大脳の働きなしにはできない行動だろう。

p.54-55

山や森の栄養分が海に流れだす一方、産卵をひかえて川を遡上するサケやマスは、海洋生態系にあった相当量の栄養分を森に還元する。森の樹木が海洋起源の栄養塩類を含んでいることが確認されたり、遡上するサケやマスを、クマはもちろん川に生息するヨコエビなどの小生物が食べるなど、森の生態系は常に海の生態系と密接に結びついている。

p.56-57

近年、鯨類で遺伝的に隔離された個体群を別種にする動きが高まっている。以前アマゾンカワイルカにされていたもののなかで、マデイラ川水系に生息するものが2008年にボリビアカワイルカとして、2014年にはアラグアイア川水系に生息するものがアラグアイアカワイルカとして別種にされた。アマゾンカワイルカ：雄 体長2.8m、雌 体長2.3mに達する。

p.58-59

恐竜が生きた時代、海には魚竜がすんでいた。彼ら爬虫類では、体を左右にくねらせて進むのが基本的な動き。その動きを受けつぐ魚竜では縦についた尾びれを左右に振って泳いだ。一方、体を上下に波打たせて疾走する哺乳類の動きを受けつぐ鯨類では、上下に振り動かして推進力が得られるように水平の尾びれを発達させた。

p.60-61

ザトウクジラは尾びれの裏側の黒と白の模様と、後縁の（ぎざぎざの）輪郭は1頭1頭それぞれに異なるために、それを自然標識として1970年代の初頭、アメリカの東海岸で個体識別の試みがはじまった。以来、世界中の海に生息するザトウクジラの尾びれの写真が撮影され、地域個体群の個体数推定や回遊ルートの解明等に役だてられている。

p.62-63

尾びれを上下に力強く動かして推進力を得る鯨類の尾柄部では、尾椎（尾の部分にある背骨）の上下に大きな筋肉が発達する。そのため彼らの尾柄部は、左右の幅にくらべて、上下の高さがきわめて高い。また尾椎ひとつひとつを見ると、上に突きだす棘突起が長くのびると同時に、V字骨と呼ばれて尾椎の下部にのびる骨が発達している。

p.64-65

アルゼンチン、バルデス半島の北側にはサンホセ湾、南側にはヌエボ湾が広がる。ともに冬から初春にかけて、ミナミセミクジラが集まってくる。サンホセ湾は、ミナミセミクジラ保護のために、ウォッチング船を出すのはいっさい禁止、世界からホエール・ウォッチャーが集まるのはヌエボ湾に限られている。

p.66-67

マゼランペンギンやケープペンギンの黒と白の縞模様は、何羽かで魚群のまわりをすばやく泳ぎまわり、魚群を視覚的に惑わせるものと考えられている。同様に、シャチやカマイルカも、魚群をまとめるときには、腹部の白（暗い海中ではもっとも目だつ色である）を見せつけて追いたてる。

p.68-69

写真の舞台は、シャチがニシンの群れを追う（p.66）、ノルウェー北極圏のフィヨルド。ヒゲクジラのザトウクジラと、ハクジラのシャチが、同じ海域で同じ魚群を追う光景を目にするのは、世界でも他に例がないだろう。海上ではもちろん水中にいても、この2種の捕食者を同時に目にすることもある。

p.70-71

1990年代には、ノルウェー沿岸ではティスフィヨルドがニシンの越冬海域の、またそれを追うシャチの観察場所になっていた。しかし、2000年頃からニシンが越冬場所を変えはじめ、2006～07年にはシャチもまったく姿を見せなくなった。近年は、ティスフィヨルドから200kmほど北にあるトロムソ周辺のフィヨルドが、ニシンの越冬場所になっている。

p.72-73

1年のある時期、10億匹ともいわれるイワシの群れが、インド洋に面した南アフリカの沿岸に来遊、それを求めてサメやハセイルカ、ニタリクジラが集まる。「サーディンラン」と呼ばれて、地球上で展開される、もっともスペクタクルな出来事のひとつにあげられるものだ。

p.74-75

左写真は、フロリダ湾で見られるハンドウイルカによるマッドリング・フィーディング（p.102-103）の最中に撮られたもの。世界の海洋に広く分布するハンドウイルカには、それぞれの個体群がすむ環境や利用できる餌生物にあわせて、独自の採餌行動を発達させたものが多い。それらは群れのなかで、世代をこえて受けつがれてきたものである。

p.76-77

狩りをするときのイルカたちの動きは、どの種であっても、いつも嬉々としているように見える。数頭で魚群をまわりから追いたてながら、ふいに泳ぎを速める。その瞬間に獲物を捕食しているのだろう。勢いをつけたイルカたちが魚群の間から浮上すると、そのまわりで食べられたイワシの銀鱗が弾け散る。

p.78-79

アルゼンチン、バルデス半島のプンタノルテ（北の岬）で行われるシャチの狩り。浜の浅い場所に広がる岩場にはところどころに切れ目があり、水路が沖から波打ち際までつづく。シャチはその水路をたどって波打ち際までやってくる。オタリアの繁殖期、ある程度成長して自分たちで波打ち際で遊びはじめた子どもたちが、もっとも狙われやすい。

p.80-81

陸上哺乳類は一般に、切歯（門歯）や犬歯、臼歯など、機能と形が異なる歯をもつ。それは、獲物の一部を噛み切ったり咀嚼をしたりするためだが、ハクジラ類の多くの種では、魚やイカを泳ぎながらとらえて丸のみにするため、歯は獲物をとらえるための牙状のものだけになった。タイセイヨウマダライルカ：体長2.3m、体重140kgに達する。

p.82-83

北極海では、秋、海面が凍りはじめると、イッカクやベルーガは外海の海面が開けた場所へ移動するが、急速に凍結が起こると逃げだす機会を失うことがある。そんなとき、相当数のイッカクやベルーガが、海面をおおう氷の間のわずかに開けた場所に集まって空気を求める。しかし、海氷の拡大とともに命を落とすことも少なくない。

p.84-85

一般にイルカの仲間は、獲物をとらえるための牙状の歯だけをもつ。しかし、アマゾンカワイルカでは、上下の顎の前のほうには牙状の歯、奥のほうは杭状の歯をもつ。アマゾンカワイルカは多くの魚類のほかカニやカメなども食するが、顎の奥の杭状の歯は、こうした固い餌生物を噛み砕くのに使われているようだ。

p.86-87

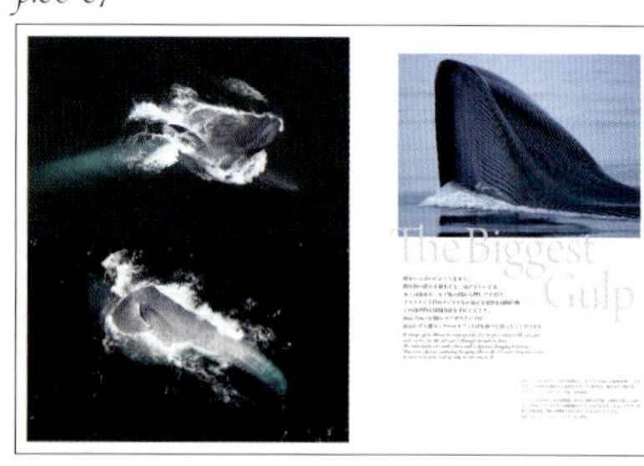

ナガスクジラ科のヒゲクジラは、下顎から喉にかけて、数十〜100条ほどの溝をもち、採餌時にはそれがアコーディオンの蛇腹（あるいはプリーツ）のように大きく広がって、一口で大量の餌生物と海水をとりこめる。彼らが海面で採餌を行うときには、体の右を下に横倒しにした姿勢をとることが多い。

p.88-89

この写真を撮影した日、船を近くの入江に入れて停泊した。夜、船での夕食のあとデッキに出たとき、（夜の闇のなかで船の灯にひかれて集まったのだろう）オキアミの濃密な群れで船の周りの海面が赤く染まっているのを見た。シロナガスクジラは、膨大な量のオキアミを求めてその海域に来遊していたのだろう。

p.90-91

ニタリクジラとひとつの種にまとめられていたが、本来のニタリクジラとは形態が異なる一群のクジラ（とくに沿岸性で小型のもの）がいることが以前から知られていた。それらが、別種のカツオクジラとして扱われるようになった（ただし、以前「カツオクジラ」の名称が、イワシクジラの別名で使われたこともある）。

p.92-93

多くのヒゲクジラの仲間が、冬から春先にかけてすごす低緯度の繁殖海域と、夏をすごす高緯度の採餌海域の間で大規模な季節回遊を行うが、ニタリクジラは周年暖海にとどまるために、Tropical whale とも呼ばれる。オキアミなどのプランクトンではなく、イワシなどの小魚の群れを主に捕食。ニタリクジラ：体長 15〜16m、体重 20〜25t。

p.94-95

右下の写真は、東南アラスカの沿岸水路でバブルネット・フィーディングを行うザトウクジラ。この採餌行動は、以前は東南アラスカだけで見られたが、近年は広くアラスカ湾や、カナダ、ブリティッシュ・コロンビア州の沿岸でも観察される。また他の海域のザトウクジラも、海中で吐きだす泡で、魚群やオキアミの群れを追いたてることも多い（写真左）。

p.96-97

ヒゲクジラの仲間が、集団で協力しあって採餌行動をすることは珍しい。アラスカ沿岸では、ときに 10 頭をこえるザトウクジラが集まり、バブルネット・フィーディングと呼ばれる豪快な採餌行動を見せる（p.106-107）。全員でニシンの群れを一網打尽にしたあとは、ふたたび次のニシンの群れを求めて、動きをそろえ、いっせいに海中に潜っていく。

p.98-99

シャチとともにニシンの群れを追うノルウェー北極圏のザトウクジラ。ニシンは膨大な数で群れるが、ときに本隊から別れた小群が、直径 2〜3m の塊をつくることがある。深みからふいに現れて、こうした小群をひとのみにしていくのは、きまって単独で採餌を行うザトウクジラだ。一方、家族群で狩りを行うシャチは、ニシンの大きな群れを狙う。

p.100-101

ヒゲクジラのなかでもセミクジラ科（セミクジラ、タイセイヨウセミクジラ、ミナミセミクジラ、ホッキョククジラ）の主食は、カイアシ類など小型のプランクトン。写真のような採餌方法をとるため、口の側面をおおうヒゲ板は３～４mに達するほど長く、微小なプランクトンを濾しとるために、ヒゲ板の毛はきわめて細かい。

p.102-103

自分で（明らかに目的意識をもって）まきあげる泥を利用して、獲物をとらえる。動物の道具使用については「自分の身体以外の物体を本来の位置から取りだし、それを操作することによって、それなしではできない目的を達成する」と定義されることがあるが、これに従うならイルカの道具使用の一例と考えていいのかもしれない。

p.104-105

バブルネット・フィーディングを行うザトウクジラは、海中でニシンの群れを追う間、長く伸びる低音を海中に響かせる。水中マイクを使えば、聞こえてくる声の強さの変化が、遠ざかったり近づいたりと、海中を泳ぎまわるクジラの動きを想像させる。彼らがニシンの群れをひとのみにして海面を突き破るのは、その声が途絶えた直後だ。

p.106-107

ザトウクジラのバブルネット・フィーディングのさまは、（おそらくはメンバーの変遷によるのだろう）大きく変わってきたかに思える。以前は、海中で吐きだされた泡の連なりが、海面に浮上して大きな円を描いたあとで、クジラたちがいっせいに海面を突き破って現れたが、最近は泡が海面に浮上しきる前から、クジラが海面に現れることが多くなった。

p.108-109

各地の水族館で飼育されるハンドウイルカやスナメリ、ベルーガたちは、さまざまな方法で（噴気孔から吐きだす空気を使う場合もあれば、水面で口に含んだ空気を使う場合もある）空気の輪をつくる。観客に見せるパフォーマンスのために行動が強化されたものだとしても、そもそもはイルカ自身が遊びのなかで演じた行動が礎になっている。

p.110-111

マッコウクジラの雌を中心にした群れは、深海で餌をとるときには、それぞれがばらばらに潜ることで、誰かが海面にとどまる。母子のクジラの場合、母親が採餌のために深く長く潜るとき、ついていけない幼い子クジラは、海面にとどまる群れの誰かに身を寄せて、母親が浮上するまで安全を確保するのが常だ。

p.112-113

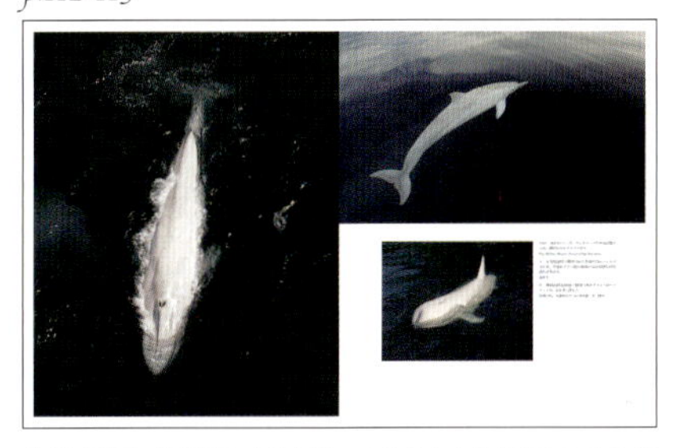

全身が白いクジラやイルカは、ハンドウイルカやシャチを含め、相当に多くの種で確認されている。しかし、それぞれがアルビノ（メラニン色素に関わる遺伝情報をもっていない=黒色色素が欠損する）か、リューシスティック（メラニン色素に関わる遺伝情報はもっているものの、黒に発現しない白変種）かを知るのは、野生個体ではむずかしい。

p.114-115

セミクジラ、ミナミセミクジラの頭部には、ケロシティーと呼ばれる角質化した淡色の大小の盛りあがりがあり、フジツボやクジラジラミの付着場所になっている。ケロシティーの配置はそれぞれの個体で異なるため、セミクジラ類の生態調査にあたって、個体識別のための自然標識として使われる。

p.116-117

ベルーガは頸椎が癒合しないために、首を相当に自由に動かすことができるとともに、メロンの形を自由に変えて多彩な声を発する。アマゾンカワイルカが同じ特徴をもつが、一方は複雑に入りくんだ海氷や氷山の間を泳ぎまわり、一方は熱帯の浸水林のなかを泳ぎまわりながら巧みに獲物を探してとらえる暮らしへの適応なのだろうか。

p.118-119

クジラのまわりを泳ぐイルカたちの存在は、クジラにとっては煩わしくとも、観察者にとっては便利な助け船になる。大型のクジラにくらべて、イルカの1回の潜水時間は短い。クジラが長く潜っていても、イルカたちが海中にいるクジラの近くや真上を泳ぐために、つぎにどこに浮上するかを見きわめるのがたやすくなる。

p.120-121

ユメゴンドウは英名 Pigmy killer whale と呼ばれ、ときに小型のイルカを襲うといわれるが、主に捕食するのはイカや(シイラなどを含む)魚類だろう。世界の暖海に広く分布、十数頭～50頭程度で群れ、唇が白いことで識別できる。ゴンドウクジラ類のなかではもっとも小さい。ユメゴンドウ:体長2.3m、体重150～170kg。

p.122-123

アルゼンチン、バルデス半島の沿岸では、鯨類ではハラジロカマイルカやハンドウイルカ、鰭脚類(アシカ・アザラシの仲間)ではオタリアやミナミゾウアザラシなど海獣類が多く、いずれかが繁殖に来遊するミナミセミクジラといっしょに観察されることも珍しくない。ハラジロカマイルカ:体長2.1m、体重80kgに達する。

p.124-125

バルデス半島の沿岸に来遊するミナミセミクジラには、ミナミオオセグロカモメがつき従うことが多い。カモメは、クジラの体についた寄生動物を狙うと同時に、クジラの体表の組織もついばむ。そのため、他の地域(南オーストラリア、南アフリカ沿岸)に来遊するミナミセミクジラにくらべて、海面に休む時間が短くなっているとする報告もある。

p.126-127

一般に、冬から春先にかけてすごす低緯度の繁殖海域と、夏をすごす高緯度の採餌海域の間を季節回遊するヒゲクジラ類のなかで、ザトウクジラはとりわけ授乳期間が長い(最長で10か月)。繁殖海域で誕生した子クジラが、夏の採餌海域ですごしたあとも、まだ母親といっしょに観察される例が多い。

p.128-129

この赤ちゃんクジラが誕生する日、マッコウクジラの群れのまわりで、ハナゴンドウやマダライルカなど多くの鯨類が観察された。マッコウクジラがより緊密に体を寄せあってまもなく、水中に響く彼らの声が一段と高まると同時に、ハナゴンドウやハンドウイルカがまわりで派手なジャンプを繰りかえした。どうやらその前後で出産が行われたと思われる。

p.130-131

右ページは、南アフリカのホエール・ウォッチングが盛んに行われるハマナスの町の沖で空撮によってとらえたもの。繁殖の季節、比較的浅い場所には親子のミナミセミクジラと、少し沖には、1頭の雌のまわりに数頭の雄が集まる交尾群がところどころに観察された。ザトウクジラの交尾群ほど激しい動きはなく、雌は複数の雄と交尾する。

p.132-133

コビレゴンドウが死んだ子どもをくわえて運ぶ行動は、ぼく自身、メキシコのカリフォルニア湾(コルテス海)で2度観察しているが、いずれも運ぶ個体は群れのなかでもひときわ大きな雄であった。コビレゴンドウ:雄 体長7.2m、体重3.9t、雌 体長5.1m、体重1.4tに達する。数十頭～100頭の群れで行動、主に頭足類を捕食する。

p.134-135

シロナガスクジラは体長27m、体重160tに達する。体長だけなら、もっと長い恐竜が知られているが、体重ではこの惑星のうえに誕生した史上最大の動物である。生まれたばかりの子どもでも体長7m、体重4tあるが、さらに成長の初期には、1日に90～100kgほど体重を増やしていく。

p.136-137

北大西洋のニシンは、春の産卵をひかえた群れが晩秋から初春まで、ノルウェーやアイスランドのフィヨルドの冷たい水のなかですごす。それを追ってシャチも姿を現すが、ニシンはフィヨルドの水温等によって越冬場所を変えるために、シャチがよく姿を見せるフィヨルドも、年によって変わることが多い。

p.138-139

ザトウクジラをはじめヒゲクジラ類は一般に、夏には高緯度の豊かな海域で採餌を行うが、さほど緯度が高くない海でも栄養分が豊かであれば、彼らの採餌場になりうる。カリフォルニア州のモントレー湾（北緯36～37度）もそのひとつで、初夏から秋までザトウクジラやシロナガスクジラが採餌をしてすごす。

p.140-141

外海では、プランクトンやそれを追う魚群は、日中にくらべて夜間のほうが浅い場所に移動するため、イルカたちは夜間に狩りをすることが多い。マイルカやハシナガイルカたちは、日中を島影や沿岸の入江で休息や社会的な行動で費やし、夜間に外海で魚群を追う。イルカの群れが沖に向かうときには派手なジャンプを頻繁に見せる。

p.142-143

小笠原諸島父島で何年にもわたって観察されている「モッチーニ」と名づけられたザトウクジラがいる。何度か子連れでも姿を見せてくれたが、写真は2014年に観察されたモッチーニの子ども。時期は4月下旬、誕生した小笠原の海で十分に成長して、まもなく北の海への長旅に出る前の最後の休息の日々だったか。

p.144-145

奥行きのあるカリフォルニア湾に、満ち潮に乗って太平洋から流れこむ海水は、湾の最奥で盛りあがり、反動をつけて湾口をめざす。こうして揺れ動く海水は、散在する島じまにぶつかって湧昇流をつくりだす。亜熱帯の海でありながら生息する鯨類も多く、ナガスクジラやニタリクジラではこの湾に定住する個体群も知られている。

p.146-147

アラスカの沿岸水路には、豊かなサケ・マスを中心に魚類ばかりを食べて暮らす「レジデント」のシャチと、イルカやアザラシを襲う「トランジエント」のシャチが姿を見せる。写真のレジデントのシャチたちは、サケやマスの通り道になる大きな水路の真ん中を、比較的大きなポッドをつくって遊弋することが多い。

p.148-149

小笠原諸島周辺には、冬から春先にかけて、繁殖や子育てのために多くのザトウクジラが集まることはよく知られている。とりわけ父島、二見港は西にむけて海が開けているため、海に沈む夕陽を眺めながらのホエール・ウォッチングには格好の立地でもある。今日はどんな日であったか。そして明日は、いったいどんな日になるのか。

あとがき

本書は、これまで多くの写真家によって撮影されてきた鯨類（クジラやイルカ）の写真を、可能な限り広く眺めなおし、ひとつの大きな物語としてまとめたものである。なかには、過去に『ナショナル・ジオグラフィック』誌や広告等で発表されたものも含まれているが、それらは今後も語り継がれ、眺め継がれるべき作品として積極的に収録した。
予算や、著作権者の発表に対する考え方（同業者としてもっとも尊重すべき要因である）のために、収録できなかったものが少なからずある。一方で、写真とはそれだけでひとつのアートになりうるものだが、写真集という形を考えるとき、もっとも重視すべきは全体の構成であり物語である以上、どうしても収めることが叶わなかった写真もある。
本という構成のなかに組みこむ写真は、建築物をささえるひとつひとつの煉瓦(れんが)である。それぞれの煉瓦がいくら美しくとも、建物物にあわない煉瓦を使えば、その建物を支えることができない。逆に、何の変哲もない煉瓦が、見事な建築物の土台としてしっかりと支えてくれることもある。
とはいえ結果として、望んだ写真は相当に収録できるとともに、本というひとつの建築物としては、このあとの風雪にも耐えうるものとして、また多くの写真家によって撮影されてきた鯨類の生態写真のアンソロジーとしては、十分に満足いただけるものになったと信じる。

＊

近年、地球上のあらゆる場所で、プロ、アマを問わず動物や自然を対象にした写真が膨大な量で生みだされつづけている。大海原を泳ぐクジラやイルカについても例外ではなく、どこに何が生息しているか、いつどこに来遊するかといった生態に関する情報の急速な増加と、高性能のデジタルカメラなど撮影機材の進歩によって、以前では考えることさえむずかしかった、巨大な海洋動物が自然のなかで見せるさまざまな姿や行動が見事な写真にとらえられるようになった。
一方、人が自然のなかに足を踏み入れ、野生動物の本来の生息場所のなかで彼らに対峙するとき、対象に対して何がしかのインパクトを与えることは避けえない。そのなかで撮影される写真が何ら

Epilogue

かの意味を持ちうるとすれば――あくまで撮影者が、対象に対してインパクトを与えることを認識したうえで、それを最小限にしようする努力がなされることが大前提だが――それぞれの場面、それぞれの光景が、撮影者や編集者によって意味づけされ、ひとつの物語として構築されてPublish(Public すなわち「公」のものに）されることで、広く共有しうる知識や体験となることにある。そうでなければ、つまりは動物を撮影するという行為が個人の自己満足によってのみ行われ、高価な趣味の一環として消費されつづけるだけなら、自然や動物が持つ本来の価値もまた浪費されるだけで終ってしまう。その意味では、同じ趣味としての写真撮影であっても、人物写真や静物写真と、動物写真とは根本的に異なるものである。
かつて（とくに日本においては）捕鯨問題との関わりのなかで、大海原を泳ぐクジラの写真は人びとの目に新鮮であり、野生動物としてのクジラ本来の姿を理解するうえで一定の役割を果たした。しかし、いまはクジラの写真は世のなかにあふれ、かつての意味は失われつつある。そのなかで、生産されつづけるクジラをはじめとした野生動物の写真が新たな意味を持ちうるとするなら、ぼくたちが新しい自然や地球との関わりを考えるための物語を提供できることにある。本書は、このことを自分自身でも再確認する意味で編んだものでもある。

*

最後に、この本のために貴重な作品を提供していただいた多くの写真家の方がたに厚くお礼を申し上げる。

2018 年のはじめ、荒れるドレーク海峡を南極半島に向けて航海中の船上にて

水口博也

水口博也 *Hiroya Minakuchi*

1953年、大阪市生まれ。京都大学理学部動物学科卒業後、出版社にて書籍の編集に従事しながら、海生哺乳類の撮影をつづける。
1984年、フリーランスとして独立。以来、世界中の海をフィールドに、動物や自然を取材して数々の著書、写真集を発表。とりわけ鯨類の生態写真は世界的に評価されている。
1991年、写真集『オルカ　アゲイン』で講談社出版文化賞写真賞受賞。
2000年、写真絵本『マッコウの歌—しろいおおきなともだち』で第五回日本絵本大賞受賞。
現在は1年の半分を海外で撮影と取材に費やし、残りの日本での半年を、執筆、編集、講演等を行う。近年は地球環境全体を視野に入れ、熱帯降雨林から南極、北極での取材も多い。
主な著書に、『クジラ＆イルカ生態ビジュアル図鑑』『シャチ生態ビジュアル百科』『イルカ生態ビジュアル百科』（誠文堂新光社）、『クジラ・イルカ大百科』『ガラパゴス大百科』（CCCメディアハウス）、『AMAZON DOLPHIN』『ぼくが写真家になった理由』（シータス）など多数。
http://www.hiroyaminakuchi.com

構成・編集・執筆——水口博也
英文翻訳——イヴォンヌ・チャング
ブックデザイン——椎名麻美
プリンティング・ディレクション——佐野正幸

ネイチャー・ミュージアム
絶景・秘境に息づく
世界で一番美しいクジラ＆イルカ図鑑

2018年3月18日発　行
2023年4月18日第3刷
NDC480

編著者　水口博也
発行者　小川雄一
発行所　株式会社 誠文堂新光社
〒113-0033 東京都文京区本郷3-3-11
電話 03-5800-5780
https://www.seibundo-shinkosha.net/

印刷・製本　図書印刷 株式会社

ISBN978-4-416-51866-3